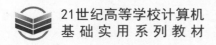

21世纪高等学校计算机
基础实用系列教材

Python语言程序设计

◎ 靳从 赖长缨 陈芝菲 宋斌 编著

清华大学出版社
北京

内 容 简 介

Python 作为当前最热门的开发语言之一,具有简洁性、易读性及可扩展性等优点,已在众多领域获得非常广泛的应用,一些知名大学采用 Python 来教授程序设计课程。

本书作为"21 世纪高等学校计算机基础实用系列教材",融合了教育部对新工科人才培养的新思想、新要求、新标准及教学实践。从学习者的角度出发,全书共分为程序设计基础、Python 语言基础、组合数据类型、程序控制结构、函数与模块、类和对象、文件处理、图像处理及机器学习共 9 章,全面、系统地阐述了Python 语言程序设计的特点、理论和技术。

本书结构体系严谨、概念层次明确、内容循序渐进、描述清晰流畅,提供了大量的编程实例,帮助学习者领悟和理解程序设计的方法,培养计算机编程技术应用的能力。

本书可作为高等学校 Python 语言程序设计相关课程的教材,也可作为相关教学人员、工程技术人员及计算机爱好者的学习参考书。

图书在版编目(CIP)数据

Python 语言程序设计/靳从等编著.—北京:清华大学出版社,2023.6(2025.1重印)
21 世纪高等学校计算机基础实用系列教材
ISBN 978-7-302-63037-1

Ⅰ.①P… Ⅱ.①靳… Ⅲ.①软件工具－程序设计－高等学校－教材 Ⅳ.①TP311.561

中国国家版本馆 CIP 数据核字(2023)第 043988 号

责任编辑:闫红梅 张爱华
封面设计:刘 键
责任校对:郝美丽
责任印制:杨 艳

出版发行:清华大学出版社
    网 址:https://www.tup.com.cn,https://www.wqxuetang.com
    地 址:北京清华大学学研大厦 A 座 邮 编:100084
    社 总 机:010-83470000 邮 购:010-62786544
    投稿与读者服务:010-62776969,c-service@tup.tsinghua.edu.cn
    质量反馈:010-62772015,zhiliang@tup.tsinghua.edu.cn
    课件下载:https://www.tup.com.cn,010-83470236
印 装 者:大厂回族自治县彩虹印刷有限公司
经 销:全国新华书店
开 本:185mm×260mm 印 张:15.25 字 数:372 千字
版 次:2023 年 7 月第 1 版 印 次:2025 年 1 月第 3 次印刷
印 数:2501~3500
定 价:49.00 元

产品编号:094815-01

前　言

　　Python 语言是开源的通用计算机程序语言，属于解释型脚本语言，语言结构灵活简洁，程序具有很强的可读性，具有简洁易学、资源丰富、用途广泛、易移植等特点。

　　本书作为 Python 语言程序设计的教材，详细介绍了 Python 语言的发展，阐述了计算机高级语言程序设计的基本方法，结合 Python 语言的技术特点，突出基本概念、基本语法和基本结构；帮助学习者掌握一门终身受用的程序设计语言（Python 语言），建立对计算机程序设计语言的直观认识，体验利用程序设计语言解决实际问题的过程和思路，使学习者终身受益。

　　全书综合程序设计语言基础及 Python 语言的历史渊源、发展变化和应用技术，围绕 Python 语言特征、语法和设计方法的内在关联，分为两部分共 9 章。第一部分包括第 1～7 章，第 1 章为程序设计基础，介绍程序设计语言的基本概念、Python 语言的发展史和 Python 语言程序的设计流程；第 2 章为 Python 语言基础，介绍 Python 语言的基本数据类型、运算符与表达式，以及数据类型转换、简单的输入输出语句等；第 3 章为组合数据类型，介绍序列、列表、元组、字典、集合、推导式的特点及相关方法；第 4 章为程序控制结构，介绍结构化程序的设计方法和与 3 种控制结构（顺序、选择和循环结构）相关联的语法、应用以及异常处理等；第 5 章为函数与模块，介绍函数的定义与使用、作用域及生成器等；第 6 章为类和对象，介绍面向对象程序设计的基本要素、类和对象的概念、继承与多态等；第 7 章为文件处理，介绍文本文件与 CSV 文件的读写等。第二部分包括第 8、9 章，介绍 Python 语言利用第三方库解决图像处理及机器学习的实例应用。

　　运用本书组织实际教学，可从问题求解的角度出发，不必拘泥于书中相关概念和知识，按不同教学对象和要求组织教学，充分发挥学习者的潜能，实现从"以教为主"逐步过渡到"以学为主"，强化程序设计知识要点的学习，提高程序设计技术应用的能力。

　　全书由靳从、赖长缨、陈芝菲和宋斌老师编著，其中第 1 章、第 8 章和第 9 章由宋斌老师负责编著，第 2 章和第 6 章由赖长缨老师负责编著，第 3 章和第 5 章由陈芝菲老师负责编著，第 4 章和第 7 章由靳从老师负责编著。靳从、宋斌老师完成全书的统稿。

　　在本书的编写过程中，得到了南京理工大学教务处和计算机学院各级领导的关心和支持；为了更适合大学本科的教学，采纳了南京理工大学计算机学院的部分专业老师的许多宝贵意见,特别感谢肖亮和於东军老师为本书提供的应用实例素材及说明;参考了大量的书籍、文献及互联网上的相关资料,为此,向有关作者表示感谢。

由于作者水平有限,书中难免有疏漏和不妥之处,恳请各位读者和专家批评指正。

作　者

2023 年于南京

目　录

第二部分　Python 语言应用案例

第一部分
Python程序设计基础

第1章　程序设计基础

1.1　程序设计语言

计算机作为这个时代的科技产物,广泛应用于科研、经济、文化等各个领域,并已渗透到人们的日常生活中。就像人与人之间交流需要语言一样,人与计算机的交流也需要通过"语言",这种"语言"就是"计算机语言","程序设计语言"就属于计算机语言。

在生活中完成某一事物的既定方式和过程称为程序。同样,为了解决某个问题,控制计算机完成指定操作任务就称为计算机程序,它是编写的一系列有序指令的集合。一个计算机指令用来规定计算机执行一个基本操作,指令的集合就构成了计算机中的程序,编写程序的过程就称为"程序设计"。计算机执行程序的过程是计算机的工作过程。正如人与人交流有不同的语言一样,计算机采用的程序设计语言也有多种,通常分为三类:机器语言、汇编语言和高级语言。

1. 机器语言

机器语言是由二进制 0、1 代码指令构成的,又称指令系统。不同的中央处理器(CPU)具有不同的指令系统。机器语言程序难编写、难修改、难维护,需要用户直接面对计算机的硬件,编程效率极低,程序代码的直观性、兼容性差,并且编写的程序很容易出现错误。

2. 汇编语言

汇编语言又称符号语言,是对操作、存储部位和其他特征(例如宏指令)提供的符号命名的面向机器的语言。它采用英文字母、符号等助记符来表示每条指令,所以相比机器语言更易于阅读、理解且便于检查。但由于计算机本质上不懂得任何文字符号,而只能接收二进制代码程序,即目标程序,因此,计算机无法直接识别汇编语言程序,所以需要将汇编语言翻译成机器语言,这种起翻译作用的程序称为汇编程序,而把汇编语言翻译成机器语言的过程称为汇编。汇编语言程序的执行过程如图 1-1 所示。

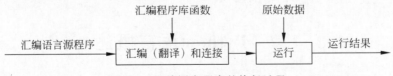

图 1-1　汇编语言程序的执行过程

汇编语言是机器指令的一种符号表示,而不同类型的 CPU 有不同的机器指令系统,也就有不同的汇编语言。所以,除了同系列、不同型号 CPU 之间的汇编语言程序有一定程度的可移植性之外,其他不同类型(如小型机和微机等)CPU 之间的汇编语言程序是无法移植的,因此,汇编语言依然是面向机器的语言。尽管如此,从机器语言到汇编语言仍然是前进了一大步。汇编语言的出现也意味着人与计算机的硬件系统不必非得使用同一种语言,程序员完全可以使用较适合人类思维习惯的语言来进行编程。

3. 高级语言

高级语言屏蔽了计算机硬件的细节,是以接近人类的日常语言表述为基础进行设计的一种编程语言。高级语言的语法和结构更类似英文表达;处理问题采用与普通的数学语言及英语相似的方式进行,有更强的表达能力,可方便地表示数据的运算和程序的控制结构,能更好地描述各种算法,不依赖于计算机的结构和指令系统,容易学习掌握。

用高级语言编写的源程序,同样必须翻译成目标程序计算机才能执行。具体将高级语言所写的程序翻译为目标程序的方式有如下两种。

(1)编译程序:把用高级程序设计语言编写的源程序,整体翻译成等价的机器语言格式的目标程序。编译程序执行的过程如图 1-2 所示。

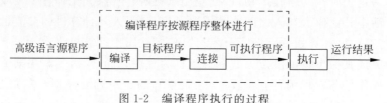

图 1-2　编译程序执行的过程

(2)解释程序:也是把高级语言翻译成汇编语言或机器语言的程序。它对源程序采用边解释翻译成机器语言代码边执行的方式,但不生成整体的目标程序代码。解释程序执行的过程如图 1-3 所示。

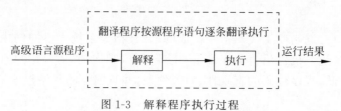

图 1-3　解释程序执行过程

解释程序工作时,由总控程序执行初始化,按照高级语言程序的语句书写顺序,从源程序中取一条语句,进行语法检查;如果语法有错,则输出错误信息;否则,根据所确定的语句类型转去执行相应的程序。返回后,检查解释工作是否完成,如果未完成,则继续解释下一条语句,直至最后产生运行结果;否则,进行必要的善后处理工作。

解释程序结构简单易,于实现,且在解释执行过程中可灵活方便地插入、修改调试措施,其方便性和交互性较好,但解释程序执行效率较低。

1.2　Python 语言概述

Python 语言是一种解释型、面向对象、动态数据类型的计算机程序设计语言。它是基于很多计算机语言发展而来的,其中包括 ABC、Modula-3、C、C++、ALGOL-68、SmallTalk、UNIX shell 和其他的脚本语言等。Python 语言是开源(开放源代码)的通用计算机程序设计语言,遵循 GNU GPL(GNU General Public License)协议。目前 Python 语言具体由一个核心开发团队进行维护。

1.2.1　语言特点

Python 语言基本结构灵活、简洁、干净、设计精良,具体用于解决一般问题时的方法简单而优雅。Python 语言程序具有很强的可读性,从而可使编程者专注于解决问题的算法思维和程序设计的主要技能,避免陷入晦涩难解的语言细节。Python 语言具有以下显著的特点。

1. 简洁易学

Python 语言关键字少、结构简单、语法清晰,相比其他编程语言其代码量低。对学习者来说能轻松上手,是一种代表简单思想的程序设计语言。Python 语言的代码定义清晰,采用强制缩进的编码方式,去除了"{"等格式类语法符号,具有极佳的可读性。具体利用Python 语言编程解决问题时,可以把更多的注意力放在问题本身上,而不用花费太多精力在程序语言上。

2. 开源资源

Python 语言是开源的。目前用户不用花钱,就可以共享、复制和交换相应的代码,这有助于形成强壮的社区,方便专业技术人士在社区与初学者分享知识和设计经验,使 Python语言更加完善,技术发展更迅速。Python 语言所拥有的强大标准库以及不同应用领域具有的多种第三方开源库,为用户具体使用 Python 语言提供了便利。

3. 编译解释

Python 语言属于解释型脚本语言,为了提高效率也提供了编译方式。编译后生成字节码的文件形式,可以由 Python 语言的 VM(虚拟机)进行执行。Python 语言的编译通常在对某个模块的调用过程中自动执行,通过编译成字节码可以节省加载模块的时间以提高效率,这样在保持 Python 语言的解释型语言优点的同时改善了性能。

4. 面向对象

在"面向过程"的语言中,程序由过程或函数构建而成。在"面向对象"的语言中,程序由类和对象构建而成。Python 语言既支持面向过程又支持面向对象的编程,与其他面向对象语言相比,编程方式更简洁。

5. 用途广泛

随着程序设计技术的发展,Python 语言在各种流行编程语言中一直排名靠前,几乎适用于各类软件应用开发。目前 Python 语言广泛用于网站、桌面应用、自动化脚本、复杂计算系统、科学计算、物联网、游戏设计、机器学习、自然语言处理等。

6. 移植嵌入

Python 语言可以跨操作平台运行,其核心语言和标准库支持在 Linux、Windows 等带有 Python 语言解释器的平台上无差别地运行。其根本原因在于 Python 语言是一门脚本语言,它的执行只与解释器有关,而与操作系统无关,同时由于 Python 语言的开源特性,因此同样的代码无须改动就可以移植到不同类型的操作系统上运行。

1.2.2　发展与版本

在 Python 语言出现之前,有一门 ABC 语言是专为非专业程序员设计的编程语言,它是以教学为目的的教学编程语言,所以设计时希望让语言变得易读、易用、易学、风格优美且功能强大,但 ABC 语言因为可扩展性差、不能直接进行输入输出、语法太贴近自然语言、编译器太大等不足而没有在程序设计领域取得成功。

1989 年的圣诞节期间,在荷兰阿姆斯特丹,Python 语言的创始人吉多·范·罗苏姆(Guido van Rossum)为了打发圣诞节的无趣,开始在 ABC 语言的基础上开发一种新的脚本解释语言。吉多·范·罗苏姆希望这种语言能避开 ABC 语言的不足,吸取众多相关语言的优点,成为功能全面、易学易用、可扩展的编程语言。吉多·范·罗苏姆是英国喜剧团体 Monty Python 的粉丝,所以他选择 Python(蟒蛇)作为该程序设计语言的名字。在 Python 社区,吉多·范·罗苏姆被尊称为"终身仁慈独裁者"。吉多·范·罗苏姆有一句名言"Life is short,you need Python."翻译成中文就是"人生苦短,我用 Python。"这条口号已经被 Python 语言业界广泛使用,成为类广告词的存在。

Python 语言的第一个公开发行版发行于 1991 年,这一年也被当作 Python 语言的诞生年。2000 年,Python 2.0 发布。2004 年以后,Python 语言的使用率呈线性增长。2008 年,Python 3.0 发布。2011 年 1 月,Python 语言被 TIOBE 排行榜(世界上最权威的编程语言排行榜)评为 2010 年年度语言。2017 年,*IEEE Spectrum*(美国电气电子工程师学会的权威杂志)发布的研究报告显示,Python 语言已经成为世界上最受欢迎的语言之一。

此外,Python 语言还得到了众多科技公司的认可,如百度、搜狐、雅虎、新浪等都在使用 Python 语言来完成各种任务,盛大网络等一些游戏公司、大部分的搜索引擎公司也使用 Python 语言进行相关开发。中国最大的 Q&A 社区(知乎)就是通过 Python 语言开发的。

Python 语言发展至今,经历了多个版本的更迭,目前保留的版本主要是基于 Python 2.x 和 Python 3.x。Python 语言的 3.x 版本是一次较大的升级。为了不给系统带入过多的负担,它在设计时没有考虑向下兼容,即 Python 3.x 和 Python 2.x 是不兼容的。这也造成许多针对早期 Python 语言版本设计的程序可能无法在 Python 3.x 上正常执行。为此 Python 2.6 成了一个过渡版本,其在基本使用了 Python 2.x 的语法和库的同时也考虑了向 Python 3.x 的迁移,具体支持部分 Python 3.x 的语法与函数。本书使用基于 Python 3.x 的版本。

1.2.3　应用领域

Python 语言作为一款高级程序设计语言,支持函数式编程和面向对象编程,能够承担多种类软件的开发工作。目前除了广泛应用于常规的软件开发、脚本编写、网络编程以外,还大量应用于人工智能、科学计算、自动化运维、数据分析、Web 开发等领域。

1. 人工智能

在人工智能领域内的机器学习、神经网络、深度学习等方面 Python 语言已成为主流的编程语言。Python 语言在人工智能领域开发了许多优秀的机器学习、自然语言和文本处理等资源库,为领域内各个方向的研究提供了极大的便利。例如,Google 的 TensorFlow、Facebook 的 PyTorch 以及开源社区的 Karas 神经网络库、微软的 CNTK(认知工具包)都支持 Python 语言。微软开发的代码编辑工具 VS Code 已经把 Python 语言作为第一级语言进行支持。人工智能领域的应用促进了 Python 语言的发展,同时 Python 语言也降低了人工智能研究的门槛。

2. 科学计算

Python 语言随着 NumPy、SciPy、Matplotlib、Sklearn 等众多科学计算库的开发,越来越适合进行科学计算和数据分析。它支持各种数学运算,能够绘制高质量的二维和三维图像。作为一门通用的程序设计语言,Python 语言与科学计算领域最流行的商业软件 MATLAB 相比,由于拥有更多的程序库支持,因此应用范围更广。

3. 自动化运维

在很多操作系统中,Python 语言已是标准的系统组件。大多数 Linux 发行版以及 NetBSD、OpenBSD 和 macOS X 都集成了 Python 语言,允许在其终端下直接运行程序。有一些 Linux 发行版的安装器是使用 Python 语言编写的,例如 Ubuntu 的 Ubiquity 安装器、Red Hat Linux 和 Fedora 的 Anaconda 安装器等。

另外,Python 语言标准库中包含了多个可用来调用操作系统功能的资源库。通常情况下,Python 语言编写的系统管理脚本,无论是可读性还是性能、代码重用度以及扩展性等方面,都要优于普通的 shell 脚本。

4. 数据分析

数据分析是在获取大量数据以后,对数据内容与数据格式进行规范、转换和分析,以及可视化的展现过程。Python 语言作为数据分析的主流程序设计语言之一,在诸多科学计算库、文本处理库、图形视频分析库等支持下,可以实现对海量数据的处理,并结合科学计算、机器学习等技术,完成对数据进行标准化和有针对性的分析。

5. Web 开发

Web 开发是众多计算机编程语言中常见的应用方向。为此,Python 语言提供了很多优秀的日趋成熟的开发框架以方便开发者使用,例如 Django、Flask、Tornado 等。有了这些框架,程序员可以更轻松地开发和管理复杂的 Web 程序,尤其是 Python 语言的 Django 框架(应用范围非常广,能够快速地搭建起可用的 Web 服务)。国内外许多知名网站都是用 Python 语言开发的,如国内的豆瓣网、知乎网,国外的 NASA、CIA、YouTube、Facebook 等。

1.3　Python 语言的编程环境

Python 语言是一种跨平台的编程语言,这也意味着它能够运行在多种操作系统上。不同类型的操作系统中,安装 Python 语言环境的方法大同小异。在 macOS 和 Linux 系统中,默认已经安装了 Python 语言。当然如果安装的版本不合适,可以登录 Python 官方网站另行安装。通常 Windows 系统默认情况下,需要自行下载安装系统,具体包括解释器和集成开发环境(IDE),包含文本编辑、即时纠错、调试等综合功能。IDE 用于编写和运行 Python 程序,它能够识别输入的 Python 程序代码并突出显示不同的组成部分,可以方便、轻松地了解代码的结构。解释器能在无须保存并运行整个程序的情况下运行 Python 语言代码片段。

1.3.1　开发环境的安装

在 Windows 平台中,Python 安装开发环境需要自行通过 Python 官方网站,下载对应系统版本进行安装。具体安装步骤如下。

（1）访问 Python 官方网站 https://www.python.org/，选择下载 Windows 平台下的安装包。这里可以下载不同版本的 Python 解释器安装程序，用于不同的操作系统，如 Windows、Linux、UNIX、macOS 等，如图 1-4 所示。

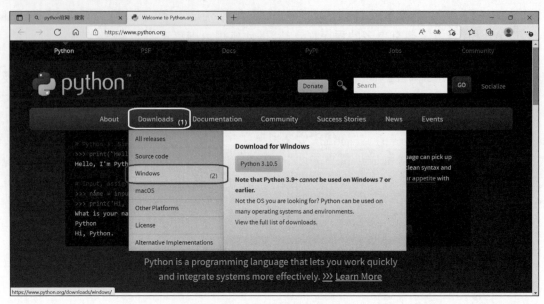

图 1-4　Python 官方网站

（2）根据需要安装系统的计算机是 32 位还是 64 位，选择相应的 Python 语言版本进行下载。这里以 Python 3.10.5-amd64 版本为例，下载完成后便可以开始安装，安装界面如图 1-5 所示。

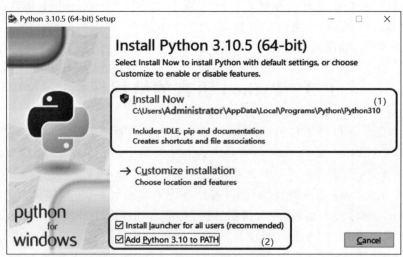

图 1-5　Python 安装界面

（3）选择第一种安装方式 Install Now，它为默认安装方式，并且勾选 Add Python 3.10 to PATH 复选框，让安装程序自动将 Python 配置到环境变量中，而不需要手动添加环境变量。第二种安装方式 Customize installation 是自定义安装，可以由用户来选择安装组件，设置安装路径。

（4）安装完成后（见图 1-6），用户的计算机中将会安装上与 Python 语言程序编写和运行相关的若干程序，包括将会用到的 Python 语言命令行和 Python 语言集成开发环境（Integrated Development Environment，IDE）。

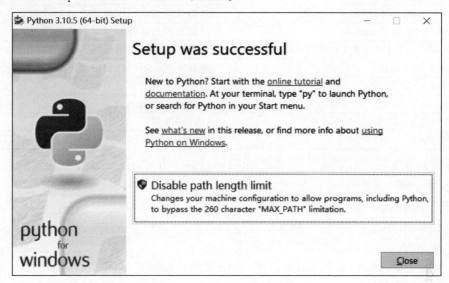

图 1-6　Python 成功安装

1.3.2　第三方软件包安装

Python 语言具有海量的第三方库及模块资源，它们针对不同的应用发挥着重要作用。在实际的项目开发中，或多或少都需要使用第三方库。Python 语言官方仓库 PyPi 提供了一个统一的代码托管仓库，所有的第三方库都可以发布到这里，供分享下载。当然，除了 Python 语言的官方仓库，还有一些其他公司提供的仓库以及一些私有的或针对内部的仓库。

有了统一管理的仓库，理论上可以直接从上面下载源码进行安装。但是由于使用源码安装比较烦琐且容易出错，因此出现了专用的安装工具和 wheel 文件（简称 whl）。whl 文件是一种包括特定格式的类 ZIP 格式文件，是各种 Python 语言发行工具包的标准。pip 是 Python 包管理工具，该工具提供了对 Python 包的查找、下载、安装和卸载等功能，负责自动从仓库下载并安装第三方库，并同时下载安装与该库运行相关的而本地没有安装的库。如果通过官方网站 python.org 下载了最新版的安装包，通常会包含该工具。pip 官方网站为 https://pypi.org/project/pip/。

就如同 Python 语言有不同版本一样，pip 也有 pip、pip2、pip3 之分。pip 从属于 Python 语言，对应的 pip 负责给对应的 Python 语言版本安装第三方模块。Python 语言解释器安装第三方库时将调用对应的 pip。

1. pip 常用命令和参数

pip 常用命令和参数如表 1-1 所示。注意，表 1-1 中这些命令均运行在 Windows 或 Linux 命令提示符下（即 shell 环境）。

表 1-1 **pip** 常用命令和参数说明

说　　明	命　令　格　式
pip-help	查看 pip 帮助信息
pip install＜包名＞	安装第三方软件包
pip install-i＜镜像网站名＞＜包名＞	从镜像网站在线安装第三方软件包
pip install＜包名＞-upgrade	从官方网站在线升级第三方软件包
pip install-i＜镜像网站名＞＜包名＞-U	从镜像网站在线升级第三方软件包
pip uninstall＜包名＞	卸载本地(本机)指定的第三方软件包
pip show＜包名＞	查看指定安装第三方软件包详细信息
pip list	查看当前已安装的第三方软件包和版本号
pip list-outdated(或 pip list-o)	检查哪些第三方软件包需要更新
pip-V	查看 pip 版本和安装目录(注意,V 为大写)

官方网站速度较慢或者无法连接时,也可通过第三方软件仓资源下载网站安装软件包。

2. 安装示例

【演示】　利用 pip 命令安装第三方库 NumPy。

在 Windows 下选择"开始"→"Windows 系统"→"命令提示符",按表 1-1 输入相应命令。这里命令提示符为"C:\",在"C:＞"后输入命令。

(1) 从官方网站在线安装 NumPy 库,默认安装最新版,如图 1-7 所示。

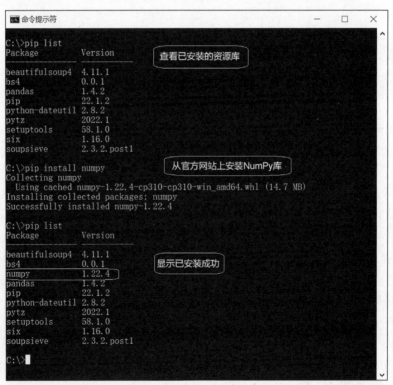

图 1-7　从官方网站在线安装 NumPy 库

(2) 卸载已安装的 NumPy 库,从镜像网站在线安装 NumPy 库,如图 1-8 所示。

(3) 卸载已安装的 NumPy 库,查看 NumPy 的版本,从官方网站安装指定版本,如图 1-9

图 1-8 从镜像网站在线安装 NumPy 库

所示。注意,软件的最新版本号后有时后面有 rc 标注。rc 是 Release Candidate 的简写,含义是"发布候选版",它不是最终的版本,而是最终版之前的最后一个版本。

图 1-9 安装指定版本的 NumPy 库

3. pip 在线升级

虽然 pip 命令随着 Python 语言的安装而自动安装,但是 pip 版本经常更新,为了正确安装第三方软件,需要对 pip 版本及时升级。pip 升级在 Python 官方网站进行,在命令提示符下输入以下命令:

```
Python - m pip install -- upgrade pip
```

程序设计基础

也可以从相关镜像网站进行升级，例如从清华大学镜像网站升级 pip，在命令提示符下输入以下命令：

```
Python － m pip install －－ upgrade pip － i https://pypi.tuna.tsinghua.edu.cn/simple
```

这里-m 表示手工安装；-i 表示国内镜像网站安装；协议是 https 而不是 http；simple 参数不能省。

4. 第三方软件包离线安装

一般情况下使用 pip install 命令在线安装 Python 语言第三方软件包。但是有些软件包在安装时可能会遇到困难，这时需要离线安装 whl 软件包。

【演示】 离线安装 WordCloud 软件包。

（1）从相关网站（如 https://www.lfd.uci.edu/~gohlke/Pythonlibs/#wordcloud 或 Python 官方网站 https://pypi.org/）下载所需的 WordCloud 文件，如图 1-10 所示。

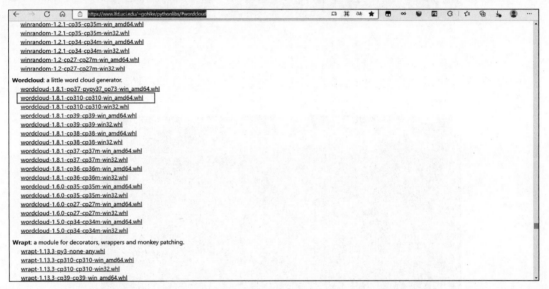

图 1-10　查找软件包

whl 文件中，cp 后的数字必须与当前使用的 Python 语言版本一致，如 cp310 对应 Python 3.10 版本；win_amd64 对应 Windows 下 64 位 Python 语言版本。如 wordcloud_1.8.1_cp310_cp310_win_amd64.whl。

（2）在 Windows"命令提示符"窗口下，用 cd 命令跳转到 whl 文件所在目录。

（3）使用"pip install 文件名.whl"进行 whl 文件本机安装，输入命令在本机当前目录下安装 whl 软件包。

```
pip install wordcloud_1.8.1_cp310_cp310_win_amd64.whl
```

注意，由于有些软件需要在线安装依赖包（软件包的功能依赖另外一些软件模块来支撑，如某些视频播放器就依赖于 Flash 插件），所以离线安装软件包也需要联网。

离线安装时，当第三方软件包有一个或者多个依赖包时，往往会导致安装失败。所以最好选择在线安装方式，它会自动把所有依赖包都安装好。

5. 安装中出现的问题

安装中如果出现 ImportError：×××等红色提示信息时，说明安装存在错误。此时需要检查安装过程中出现了什么问题，最常见的问题有网络连接故障、软件包版本不匹配、安装路径错误、用户没有管理员权限等，可以根据情况进行修复。

安装后如果出现黄色提示信息，一般是软件更新提示信息（多是 pip 版本更新提示），如果安装后出现白色提示信息，则说明安装正常完成。

1.3.3 程序的运行

程序第一条执行语句被称为程序入口。Python 语言属于脚本语言，不像其他编译型语言那样先将程序编译成二进制文件再进行运行，而是动态地逐行解释运行。所以 Python 语言没有统一的入口，而是从脚本文件的第一行开始运行。

安装了 Python 语言后，编辑好的 Python 语言程序在操作系统的命令提示符下可以直接执行。例如：

```
d:\Python > hello.py
```

此外，在 Python 语言 IDLE 中，还有两种常用的方式来运行 Python 语言编写的代码：交互式和脚本式。下面以 Windows 操作系统下的 Python 3.10.5 为例进行介绍。

【例 1-1】 输出"Hello World"。

【分析】

Python 语言使用 print()函数在屏幕上输出一段文本，输出结束后会自动换行。这段文本在 Python 语言中称为字符串，它是多个字符的集合，由双引号" "或者单引号' '包围，字符包括英文、数字、中文以及各种符号。如："Hello World"，'Hello Python 3.10.5'。

字符串要放在小括号()中传递给 print，让 print 把字符串显示到屏幕上，这种写法在 Python 语言中被称为函数。需要注意的是，引号和小括号都必须在英文半角状态下输入，而且 print 的所有字符都是小写。Python 语言是严格区分大小写的，print 和 Print 代表不同的含义。

1. 交互式

1）进入 Python 语言系统

在 Windows 操作系统的"开始"菜单中找到 Python 3.10 菜单目录并展开，如图 1-11 所示，选择 IDLE(Python 3.10. 64-bit)选项，启动 IDLE。

2）输入代码

在 IDLE 界面（见图 1-12）中，上方是 Python 语言解释器程序的版本信息，下方>>>是一个提示符。在提示符后可以输入 Python 语言代码，这里输入 print("Hello World")。print()是 Python 3.x 中的一个内置函数，它接收字符串作为输入参数，并打印

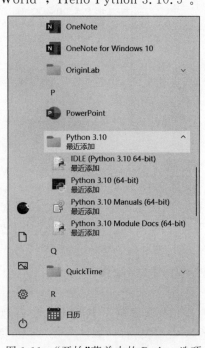

图 1-11 "开始"菜单中的 Python 选项

输出这些字符。在 Python 语言中,函数调用的格式是函数名加括号,括号中是函数的参数,这些在后面的章节中将会具体介绍。

在交互模式下,可以直接使用表达式本身来输出表达式的值。例如,在 Python 语言命令提示符下输入"1+2",就相当于输入函数"print(1+2)"。

3)执行代码

代码输入后按回车(Enter)键,将会出现如图 1-12 所示的输出。Python 语言解释器执行了一条 Python 语言代码指令 print("Hello,World"),并输出了字符串,然后再次显示提示符。

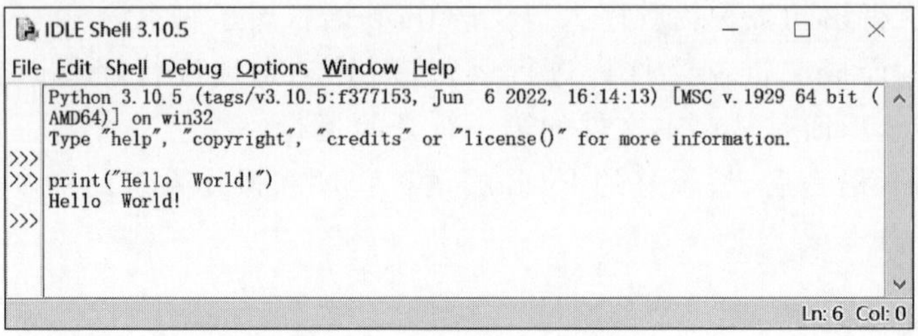

图 1-12　IDLE 界面

这就是交互式的代码执行方式。在 IDLE 中,每次输入指令,Python 语言解释器会立即执行它们,并给出执行结果。

可以尝试在提示符后输入代码"1+2"和"Hello China",如图 1-13 所示,可以发现第一行"1+2"被解释器成功执行并显示结果"3";第二行"Hello China"解释器无法理解和执行,因此给出错误提示信息。

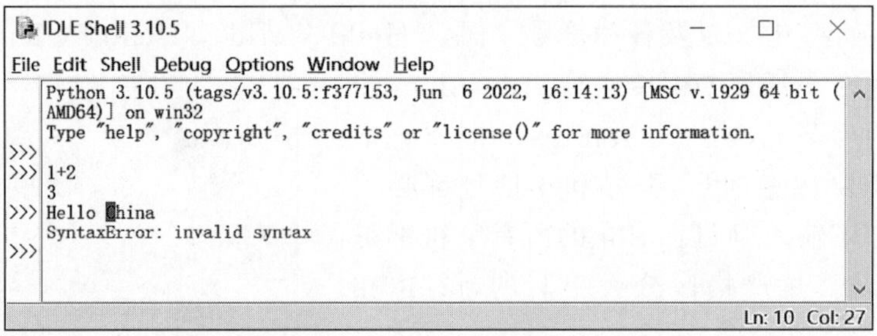

图 1-13　交互式代码执行

2. 脚本式

在命令行编写 Python 语言程序,每次只能执行一行代码。若要编写一个较为复杂的程序时,需要包含多行代码时,采用交互式就不方便书写和调试了,这时可以采用脚本式来编写代码、实现一次运行多行代码的效果。

脚本式是指创建一个扩展名为.py 的文件,将程序所有代码都写在这个脚本文件里,然后由解释器统一运行。

1)编辑文件

在 IDLE 菜单栏中打开 File 菜单,选择其中的 New File 选项,如图 1-14 所示,将会新建一个文本编辑窗口,如图 1-15 所示,输入图示代码,执行 File 菜单下的 Save As.命令将代码保存为一个文件,并命名为 test.py,这就创建了一个 Python 语言的脚本文件。

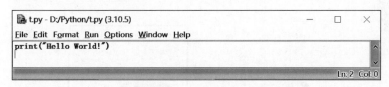

图 1-14　IDLE 界面的 File 菜单

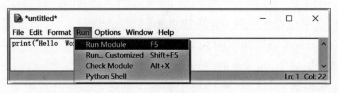

图 1-15　文本编辑窗口

2）执行文件

执行 Run 菜单中的 Run Module 命令，如图 1-16 所示，或直接按 F5 快捷键，将执行文件中的所有代码，执行结果显示在 IDLE 界面中，如图 1-17 所示。

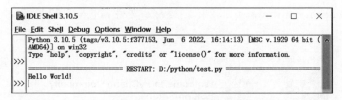

图 1-16　执行命令

图 1-17　执行结果

交互式和脚本式两种运行 Python 语言代码的方式本质上是相同的，都是由 Python 语言解释器程序逐行将 Python 语言代码翻译为机器语言再由计算机来执行。在学习 Python 语言语法时，有时为了能及时了解一些指令的用法，可选用交互式方式；而在编写较长或较为复杂的程序时，则优先考虑采用脚本式编写、调试及代码运行。

1.3.4　PyCharm 集成开发环境

PyCharm 是 JetBrains 公司开发的 Python 语言集成开发环境，它功能十分强大，包括调试、项目管理、代码跳转、智能提示、自动补充、单元测试、版本控制等，十分适合开发较大型的项目，也非常适合初学者。

1. 安装系统

访问 PyCharm 官方网站 https://www.jetbrains.com/pycharm/，进入下载页面 https://www.jetbrains.com/pycharm/download/，选择相应的系统平台和版本下载，不同的系统平台都提供有两个版本的 PyCharm 供下载，分别是专业版（Professional）和社区版（Community），如图 1-18 所示。

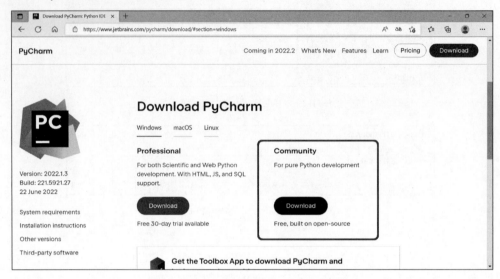

图 1-18　PyCharm 下载页面

这里推荐下载使用免费的社区版，其特点是：

（1）轻量级的 Python 语言集成开发环境。

（2）免费、开源、集成 Apache2 的许可证。

（3）提供智能编辑器、调试器，支持重构和错误检查，集成 VCS 版本控制。

PyCharm 社区版的安装步骤如下：

（1）运行 pycharm-community-2022.1.3.exe 文件，进入安装界面，如图 1-19 所示，单击 Next 按钮。

图 1-19　安装界面

（2）选择 PyCharm 的安装路径,如图 1-20 所示,单击 Next 按钮。

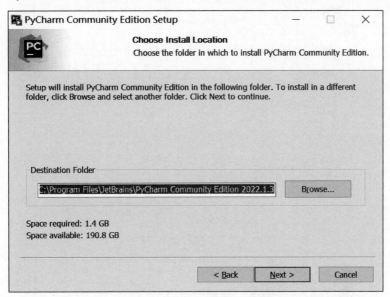

图 1-20　设置安装路径界面

（3）进入文件配置界面,如图 1-21 所示,勾选所有复选框,单击 Next 按钮。

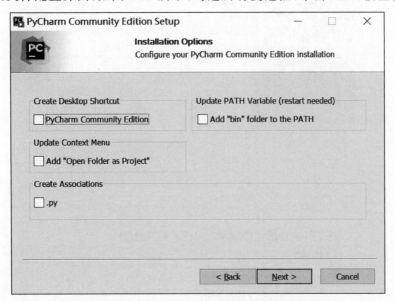

图 1-21　文件配置界面

（4）进入选择启动菜单的界面,如图 1-22 所示,单击 Install 按钮。

（5）等待安装完成,如图 1-23 所示,单击 Finish 按钮,打开 PyCharm。

2. 配置系统

完成 PyCharm 的安装之后,单击 Finish 按钮,运行 PyCharm 软件。首次使用 PyCharm 时,系统会询问用户是否导入之前的设置。如果是新用户,直接选择不导入,单击 Accept 按钮,如图 1-24 所示,单击 Continue 按钮。

程序设计基础

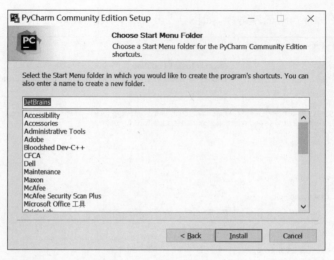

图 1-22　选择启动菜单界面

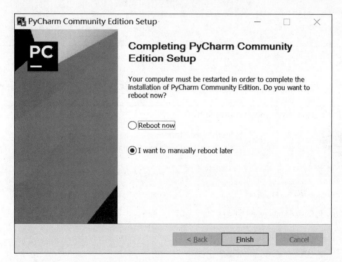

图 1-23　安装完成

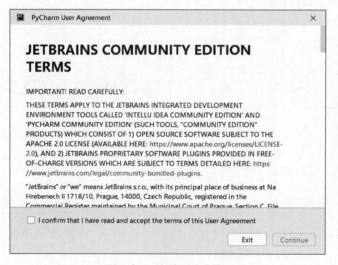

图 1-24　接受用户须知

接着系统会提示创建一个 Python 项目，如图 1-25 和图 1-26 所示。

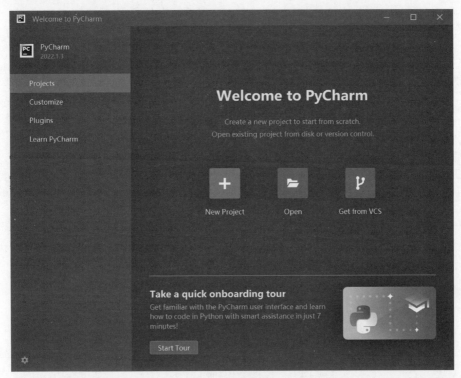

图 1-25　创建项目

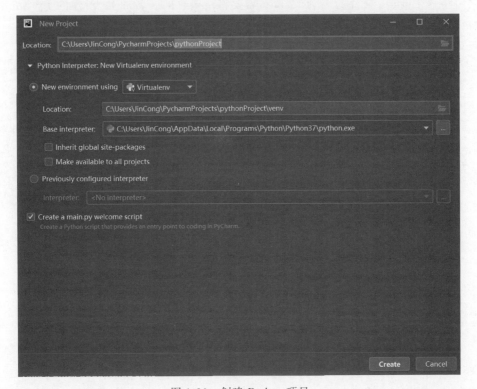

图 1-26　创建 Python 项目

程序设计基础

3. 使用 PyCharm 运行 Python 语言文件

因为 PyCharm 自带 Python 语言解释器，所以可以直接在其上运行 Python 语言文件。在 Python 项目中，新建 Python 文件 test.py，具体步骤：右击 Python 项目文件夹→选择 New→选择 Python File，如图 1-27 所示。

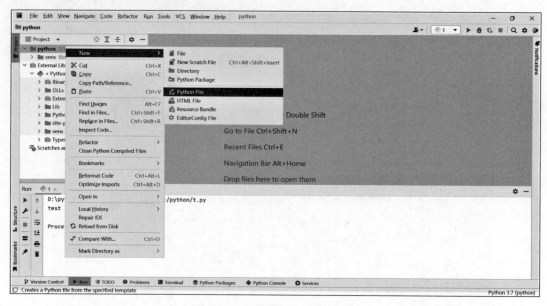

图 1-27　新建 Python 语言文件

之后将该 Python 文件命名为 test，不需要将 .py 的扩展名加上，新建的 Python 语言文件会自动加上扩展名，如图 1-28 所示。

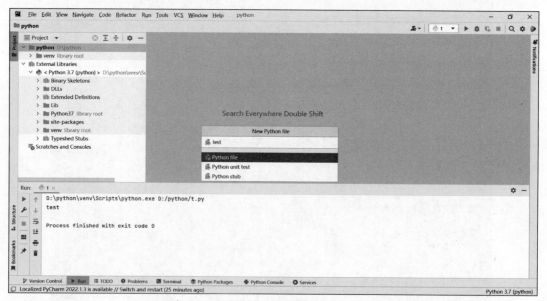

图 1-28　命名为 test

在项目目录中找到 test.py 文件并打开，输入代码：print("Hello World!")，之后在空白区域右击，在弹出的快捷菜单中选择 Run 'test'命令执行代码，如图 1-29 所示。

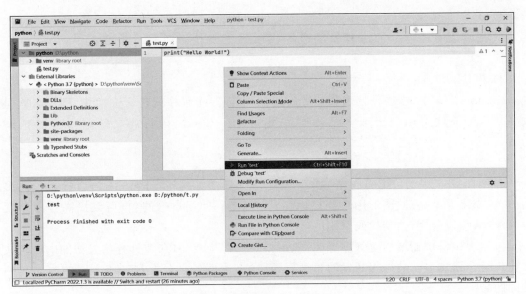

图 1-29　执行 Python 文件

在 PyCharm 下方的控制台可以看到"Hello World!"已经被打印输出，如图 1-30 所示。

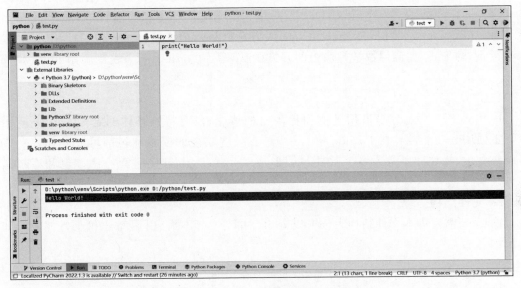

图 1-30　控制台输出

1.4　程序说明

1.4.1　程序组成与结构

1. 程序组成

Python 语言的程序由函数、模块、包或库组成。

1）函数

Python 语言程序主要由函数构成，函数是功能单一且可重复使用的代码块。通过输入的参数值,返回需要的结果,并可存储在文件中供以后使用。几乎任何 Python 语言代码都可放在函数中。Python 语言为函数提供了强大支持。面向对象编程中,函数也称为方法。

2) 模块

Python 语言中,模块是处理某一类问题的集合,一个程序就是一个模块,程序名就是模块名。每个模块可由一个或多个函数或类组成。Python 语言源文件(模块)的扩展名为.py。

3) 包

Python 语言中的包可以看作一个完成特定任务的工具箱。Python 语言提供了许多有用的包,如字符串处理、图形用户接口、Web 应用等。使用自带的包,可以提高程序开发效率、减少编程复杂度,达到代码重用的效果。

包体现了模块的结构化管理思想,包由模块文件构成,将众多具有相关功能的模块文件结构化组合形成包。从编程开发的角度看,开发者可把各自开发且功能不同的模块文件取相同的名字。

采用包有利于解决程序中变量名的冲突问题,同时在应用时既可以加载一个模块也可以加载模块中的某个函数。软件包可以看作一个分层次的文件目录,但是该目录下必须存在一个__init__.py 文件。这个文件的内容可以为空,它用于标识当前目录是一个包;目录下没有__init__.py 文件时,Python 语言则认为它只是一个普通目录。包的调用采用“模块名称”加点的形式,如调用数学模块中的开方函数,写为 math.sqrt()表示调用 math 模块中的 sqrt()函数。

4) 库

Python 语言中的库是借用其他编程语言的概念,没有特别具体的定义。Python 语言库着重强调其功能性。在 Python 语言中,具有某些功能的模块和包都可以称作库。库中可以包含包、模块和函数。多个软件包就形成了一个 Python 语言程序库。包和库都是一种目录结构。

2. 文件结构

Python 语言脚本文件结构大致可以分为三部分:脚本头、引用部分和业务部分。如下所示:

```
# test.py            # 脚本头
import math           # 引用部分
x = math.sqrt(2)      # 业务部分
print(" % .2f" % x)   # 业务部分
```

(1) 脚本头:主要是注释语句,简单程序可能没有这部分。注释语句包括程序编码注释、程序名称、作者、日期、版本说明以及程序功能说明等。

(2) 引用部分:主要是将模块或软件包导入程序的语句,包括标准模块导入、第三方软件包导入等。导入是将 Python 语言中的一些功能函数放到当前的脚本文件中使用,否则除了 Python 语言自带的内置函数,其他函数功能无法直接在当前脚本中使用。

例如这里的 import math 就是导入 math 模块,注意要在使用该模块的函数 sqrt()之前导入该模块。

（3）业务部分：业务部分是自上而下、逐行执行的。函数是业务部分的主要组成，它由初始化、赋值、条件判断、循环控制、输入输出等语句组成。

通常，脚本头与引用部分保留一个空行；引用部分与业务部分保留两个空行；业务部分结尾保留一个空行。一个 Python 语言脚本文件中脚本头和引用部分可以不存在，但至少要有业务部分。

1.4.2 书写规则

【例 1-2】 输入两个整数，求两数的和及平均值。

【分析】

计算机按指令顺序执行程序。在 Python 语言中，指令就是编写的代码，因此，编程时需要考虑代码的内容及其执行顺序。本题根据要求可分为获取数据、计算两数和与求两数平均值、输出结果三步。步骤细化为：

（1）从键盘输入两个整数 m 和 n。

（2）若 sum 表示和，则 sum＝m＋n；若 avg 表示平均数，则 avg＝(m＋n)/2。

（3）输出 sum 和 avg。

【参考代码】

```
m = eval(input("输入第一个整数:"))      # 键盘接收第一个数 m
n = eval(input("输入第二个整数:"))      # 键盘接收第二个数 n
sum = m + n                          # 求和
avg = ( m + n ) / 2                  # 求平均值
print ( "和为:" , sum )              # 输出和
print ( "平均值为:" , avg )          # 输出平均值
```

程序执行结果：

```
输入第一个整数:12
输入第二个整数:16
和为:28
平均值为:14.0
```

由例 1-2 可知 Python 语言的书写规则为：

（1）通常是一句一行，一般情况下，每行书写一条语句，使用换行符进行分隔。也可以一行多句，采用语句分隔符";"对语句进行标识。

【演示】 例 1-2 中求和 sum 及求平均值 avg 的两条赋值语句写在一行。

```
sum = m + n;avg = ( m + n ) / 2      # 求和及求平均值
```

（2）程序一般从第一列开始，不能有任何空格，否则会产生语法错误。

（3）以 # 开始的代码是注释部分。注释用来说明或解释程序段的功能、变量的作用，或者程序员想要说明的内容，它可以出现在代码中的任何位置。注释可以从任意列开始书写。Python 语言的解释器在执行代码时，会忽略所有的注释，因此即使添加了很多注释也不会影响程序的执行效率。在调试程序的过程中，注释还可以用来临时移除无用的代码。一般将程序的解释和说明等信息写在注释语句中。良好的注释使程序清晰易懂、便于调试，也便

于程序员之间的交流与协作。所以在程序编写时恰当地使用注释是一个良好的编程习惯。

Python 语言支持两类注释：单行注释和多行注释。

例 1-2 中使用的是单行注释，♯ 是单行注释的符号，注释内容包括从 ♯ 开始，直到本行结束为止的所有内容。

若注释内容超过一行，可以在每行开始使用 ♯ 以单行注释形式进行注释。也可以直接使用多行注释，即一次性注释程序中一行或多行的内容。Python 语言使用三个连续的单引号"'"或者三个连续的双引号""""作为注释多行内容的开始和结束标记，形如 ''' 这是一行注释 ''' 或者 """print("这是一行注释")""" 等。在执行时，注释中的语句没有输出。

作为脚本头，多行注释通常用来为 Python 语言文件、模块、类或者函数等添加版权或者功能性描述信息。说明多行代码的功能时，一般将注释放在代码的上一行，例如要在例 1-2 的代码前加入描述程序功能的注释，可如下解决：

```
'''
程序功能:求两数之和 sum 及均值 avg
程序输入:从键盘输入两数 m 和 n
程序输出:和 sum 及均值 avg
'''
```

注意，多行注释没有嵌套，如果用三单引号注释，注释当中可以直接使用三双引号；如果用三双引号注释，注释当中要使用三单引号，即要注意单双引号需要岔开使用。

（4）在 Python 语言中所有的语法符号，如冒号"："、单引号"'"、双引号""""和小括号"（）"等，都必须是英文输入法下输入的半角符号，字符串内的符号则不受此限制。

（5）Python 语言中每个模块的界限是由每行的首字符在该行的位置决定。缩进是体现代码逻辑关系的重要方式，强制缩进（包括 if、for 和函数定义等所有需要使用模块的地方）使得 Python 语言程序层次更加清晰。同一层级的代码缩进一致，称为"对齐"。代码的缩进与对齐方式十分重要。所以在使用选择结构和循环结构，或是编写函数时，务必注意代码的缩进。

1.4.3　PEP8 编码规范

PEP（Python Enhancement Proposal，Python 语言增强建议书）是 Python 语言网络社区关于程序设计的一系列改进建议。每个 Python 语言版本的新特性和变化都是通过 PEP 提案，经过社区决策层讨论、投票决议，最终形成 Python 语言的新版本。

PEP8 中的 8 代表的是 Python 语言代码的样式指南，它是 Python 语言作者写的一份 Python 语言代码规范指南。PEP8 定义了编写 Python 语言代码应该遵守的原则，程序员在编写程序代码时，应当遵守这些规范。

PEP8 对于初学者应遵守的一些编码规则要求有：

（1）缩进。每个缩进级别使用 4 个空格或者制表符（Tab 键）。注意 Python 语言不允许混合使用制表符和空格来完成缩进。

（2）导入。每个 import 语句只导入一个模块，若是导入多个模块，应该分开依次导入，尽量避免一次导入多个模块。导入总是放在文件的前部，在任何模块注释和文档字符串之后，在模块全局变量和常量之前。关于 import 的含义和用法会在后续介绍。资源导入的一般顺序为：①标准库导入；②有关的第三方库导入；③本地应用程序/库的特定导入。

（3）一行一语句。不要在行尾添加分号，也最好不要用分号将两条命令放在同一行，建议每行不超过 80 个字符。

（4）使用必要的空行可以增加代码的可读性。通常在函数或类的定义之间空两行，而方法定义之间空一行。另外，还可以使用空行分隔某些功能语句模块。

（5）注意避免不必要的空格。通常情况下，在运算符两侧、函数参数之间以及逗号两侧，都建议使用空格进行分隔。

（6）注释。注意，代码更改时，相应的注释也要随之更改。多行注释通常适用于后面的一些（或全部）代码，可以缩进到与该代码相同的级别。行注释是对某一语句行进行注释，应该与语句至少隔开两个空格，用♯和一个空格开始。

1.4.4 帮 助

学习 Python 语言过程中，学会使用帮助十分必要，主动查找相关语法点的帮助信息有助于更好地掌握并灵活使用语言。Python 语言的原版帮助中文版网页链接为 https://wiki.python.org/moin/BeginnersGuideChinese、英文版帮助软件链接为 https://wiki.python.org/moin/BeginnersGuide。

在 Python 语言环境中也可以使用 help()方法来获取相关帮助信息。

【语法格式】

```
help(对象)
```

【说明】

（1）查看内置函数和类型的帮助信息。

```
>>> help(print)          ♯ 可以获取内置函数 print()的帮助信息
>>> help(dict)           ♯ 可以获取 dict 字典类型的成员方法
```

（2）查看模块中的成员函数信息。

```
>>> import math
>>> help(math.sqrt)
```

上例查看 math 模块中的 sqrt()函数信息，得到如下提示：

```
Help on built-in function sqrt in module math:
sqrt(x, /)
    Return the square root of x.
```

（3）查看整个模块的信息。

使用 help(模块名)能查看整个模块的帮助信息。注意，先使用 import 导入该模块。例如，查看 math 模块：

```
>>> import math
>>> help(math)
```

程序设计基础

查看 Python 语言中所有的 modules：

```
>>> help("modules")
```

此外在交互式方式下或脚本文件编辑方式下还可以按 F1 键，打开 Python 语言的帮助文档窗口，通过其提供的多种搜索方式查找相关帮助信息。

本 章 小 结

计算机程序设计语言是人与计算机之间的交流语言，按其发展分为机器语言、汇编语言和高级语言。高级语言源程序需要通过解释或编译的方法转换为计算机理解的二进制形式进行执行。Python 语言就属于解释型高级程序设计语言。从 1989 年诞生至今，Python 语言以其简单易学、软件包功能能强大的优势而发展成为目前最受欢迎的开发语言之一。Python 语言集成开发环境和第三方软件包安装简单，程序组成清晰、结构明了，书写规范有章可循。

本 章 习 题

（1）简要说明 Python 语言的最大特点。

（2）Python 语句缩进书写原则是什么？

（3）简述 Python 语言的应用领域（至少 5 个）。

（4）在 Python 语言的交互方式下输出 helloworld。

（5）在 Python 语言的 IDLE 环境编制 helloworld. py，程序输出 hello world。

第2章　Python 语言基础

Python 语言是一种较容易学习、功能强大的高级程序设计语言。它既支持面向过程的程序设计，也支持面向对象的编程。Python 语言具有高效的数据结构，经过不断的发展完善已成为众多领域应用程序开发的理想语言。本章将介绍 Python 语言基础知识，包括各种数据类型、基本运算和输入输出等。

2.1　基本数据类型

不论处理什么问题，都将涉及数据的描述和处理。通常描述一个数据一般需要涉及两方面的信息：一是数据占用存储空间的大小；二是这种数据允许执行的操作或运算。高级语言为了便于对数据加工和处理，需要对数据进行有效的分类，这种分类称为数据的类型。不同类型的数据可以执行不同的操作。

在 Python 语言中变量的数据类型不需要预先声明，直接采用赋值号"＝"给变量赋值就是变量声明和定义的过程；变量可以存储不同类型的数据，如果变量没有赋值，则认为该变量不存在。

Python 语言具体将能处理的内置数据类型分为数字型、字符串型、列表等，如表 2-1 所示。其中，列表、元组、字典和集合等组合数据类型将在第 3 章中详细介绍。

表 2-1　内置数据类型

数据类型	名称	说　　明	示　　例
int	整型	正整数、0、负整数	0、50、1234、－56789 等
float	浮点型	含有小数点的数据	3.1415927、5.0 等
str	字符串型	由字符组成的集合	'hello'、'提示信息'等
list	列表	多种类型的可修改元素	[4.0,'名称',True]
tuple	元组	多种类型的不可修改元素	(4.0,'名称',True)
dict	字典	由键值对(用：分隔)组成的可修改元素	{姓名：'张飞',年龄：30}
set	集合	无序且不重复的元素集合	{4.0,'名称',True}
bool	布尔型	逻辑运算的值为 True(真)或 False(假)	a＞b and b＞c
bytes	字节码	由二进制字节组成的不可修改元素	b'\xe5\xa5\xbd'
complex	复数型	复数	3 ＋ 2.7j

2.1.1　数字型

数字型是计算机中可计算的数据，但由于自然界的数字千变万化，有大有小，为了处理方便并兼顾效率，Python 语言中的数字型具体分为整型、浮点型、布尔型和复数型等。其他类型的数据可以通过它们组合构成。

1. 整型

整数的类型为整型。这里整数沿用数学上的定义，例如数字 83。在 Python 语言中用 int 表示整数类型。Python 语言支持 4 种数制（十进制、二进制、八进制和十六进制）的整数表示，如表 2-2 所示。

表 2-2　不同进制数的表示

进　　制	Python 语言中的前导符	举　　例
十进制	无	123
二进制	0b 或 0B	0b01111011
八进制	0o 或 0O	0o173
十六进制	0x 或 0X	0x7B

（1）十进制整数。如 123、-456、0 等。

（2）二进制整数。如 0b1001，0B10 等。以 0b 或者 0B 开始的符合二进制数表示规范的二进制整数。

（3）八进制整数。如 0o123，0O71 等。以 0o 或者 0O 开始的符合八进制数表示规范的八进制整数。

（4）十六进制整数。如 0x123，0XAB 等。以 0x 或者 0X 开始的符合十六进制数表示规范的十六进制整数。

【演示】 不同进制整数的表示。

```
>>> x = 0B101
>>> x
  5
>>> y = 0O71
>>> y
  57
>>> z = 0xab
>>> z
  171
```

Python 语言提供内置函数 type() 查看数据类型，调用它能得到关于查询对象类型信息的返回值。

【语法格式】

```
type(object)
```

【说明】

type 是函数名称，参数 object 表示待测试对象的对象名。type() 函数返回对象的类型标识，如整型"< class 'int'>"、浮点型"< class 'float'>"和复数型"< class 'complex'>"等。

【演示】 利用 type() 函数查询对象的数据类型。

```
>>> type(2)
    <class 'int'>
>>> type(0B01>
    <class 'int'>
>>> type(0O71)
    <class 'int'>
>>> type(0xAb>
    <class 'int'>
```

和 type()函数类似,Python 语言提供的内置函数 isinstance()用来判断一个对象是否是一个已知的类型,通常用于判断两个类型是否相同。

【语法格式】

```
isinstance(object, class)
```

【说明】

isinstance 是内置函数的函数名,参数 object 表示待测试对象的对象名;class 可以是直接或间接类名、基本类型或者由它们组成的元组。如果对象的类型与参数二 class 的类型相同则返回 True,否则返回 False。

【演示】 利用 isinstance()函数判断对象是否为类型 int。

```
>>> isinstance(2,int)
    True
>>> isinstance(0b101,int)
    True
>>> isinstance(0O123,int)
    True
>>> isinstance(0XAB,int)
    True
```

注意,这里函数返回的 True 表示测试对象均为整型数据。

与其他编程语言不同,Python 语言不限制所能表示整数的大小。对于 $2^{63}-1$ 以内的小整数,它会使用机器自身的整数计算功能去快速计算;当超出机器自身所能支持的范围时,数据会自动转换为大整数计算功能进行计算,所以说 Python 语言支持高精度整数计算。

当然 Python 语言在内存中存储的整数空间会随着整数数值的增大而变大,同时计算速度随着整数数值的变大而变慢。实际使用中,由于每台计算机内存有限,因此所能表示的整数也不是无限的。

【演示】

```
>>> 2 ** 128
    340282366920938463463374607431768211456
```

2. 浮点型

所谓"浮点"是相对于"定点"而言的,指的是小数点的位置,即小数点不再固定于某个位置,而是可以浮动的。在数据存储长度有限的情况下,采用浮点表示方法,有利于在数值变动范围很大或者数值接近 0 时,仍能保证一定长度的有效数字。

从形式上看,浮点数是指带小数的数字,在 Python 语言中采用 float 来表示该类型(也称为实型),使用 64 位(8 字节)来进行存储。表示形式如 4.、.5、-2.7315e2,其中 4. 相当于 4.0,.5 相当于 0.5,-2.7315e2 是科学记数法,相当于-2.7315×10², 即-273.15。

注意,浮点数只能以十进制数形式书写。

浮点数除了可以表示为日常熟悉的十进制数外,还可以用类似科学记数法的形式表示,这种表示方法整齐规范,主要是为了支持大量科学计算结果的数据输出(包括打印或显示)。它的形式是 aEb,表示 $a×10^b$,这里 a 为实数,b 为整数,中间的字母固定为 e 或 E。如 12345 写成科学记数法形式就是 $1.2345×10^4$,Python 语言中表示为 1.2345e+4,-0.012345 写成科学记数法就是 $-1.2345×10^{-2}$,Python 语言中表示为-1.2345e-2。

需要说明的是,计算机不一定能够精确地表示程序中书写或计算的实数,这主要是因为存储器的存储位数是有限的,到达长度必须截断,所以计算机无法精确地显示无限小数,总会产生误差;另外计算机内部采用二进制数表示数据时,也不是所有的十进制小数都可以用二进制小数精确表示,因此有时运行会出现数据数学上的运算结果与实际程序执行结果不符的情况。

【演示】

```
>>> 2/3
    0.6666666666666666
>>> 1 - 1/3
    0.6666666666666667
```

虽然数学上 $\frac{2}{3}$ 与 $1-\frac{1}{3}$ 相等,但上述示例运行表明 Python 语言处理时存在误差,使得两者并不相等。

Windows 系统中,Python 能处理的最小浮点数和最大浮点数分别为 2.225 073 858 507 201 4e-308 和 1.797 693 134 862 315 7e+308。

3. 布尔型

布尔型的数值称为布尔值,又称逻辑值,在 Python 语言中采用 bool 来表示该类型。布尔值用来表示逻辑值"真"或"假",具体逻辑"真"用 Python 语言关键字 True 来表示,为数值 1;逻辑"假"用 Python 语言关键字 False 来表示,为数值 0。布尔值可以与数字类型的值进行算术运算。

在 Python 语言中,每个对象都自带布尔值属性,实际使用中经常用作条件测试或者逻辑判断。Python 语言规定:None、False、0(整型)、0.0(浮点型)、0L(长整型)、0.0+0.0j(复数型)、""(空字符串)、[](空列表)、()(空元组)、{}(空字典)等对象在参与逻辑运算时,布尔值均为 False,而其他对象在参与逻辑运算时,布尔值为 True。

【演示】 利用比较运算符"==",比较两个值是否相等。

```
>>> 2 == 2.0
    True
>>> type(2 == 2.0)
    <class 'bool'>
>>> True + 1
    2
```

4. 复数型

Python 语言中复数用 complex 表示类型,1j 表示 -1 的平方根。复数在数学上用 $a+bi$ 的形式来表示,但在 Python 语言中表示稍有区别,可写成 $a+bj$ 或 $a+bJ$ 的形式,如 $3+2j$、$-5.2-6.5j$ 等。如果实部为 0,可以省略实部,直接写虚部,如 $2j$。复数对象有两个属性 real 和 imag,用来查看指定复数的实部 a 和虚部 b。复数的运算规则与数学定义相同。

【演示】 复数运算。

```
>>> type(1 + 2j)
    <class 'complex'>
>>> (1 + 2j) + (3 + 4j)              # 复数加法运算
    (4 + 6j)
>>> (1 + 2j).real                    # 返回复数的实部
    1.0
>>> (1 + 2j).imag                    # 返回复数的虚部
    2.0
```

2.1.2 字符串型

1. 字符串的组成

字符串是由一个或多个字符组成的序列。这里的字符是指能够在计算机操作系统所自带的字符集字符,包括各种语言的字母、标点、符号和汉字等。Python 3.x 默认的字符编码是 Unicode 编码。Unicode 编码采用双字节编码,对采用单字节编码的西文编码 ASCII 码来说,增加了一个全 0 的字节。字符串和数字一样,属于不可变对象。所谓不可变,是指不能原地修改对象的内容。

【演示】 观察字符串存储,注意代码每次执行时,变量分配的内存空间不一样。

```
>>> s1 = s2 = 'abc'         # 字符串赋初值
>>> id(s1)                  # 函数 id()返回字符串 s1 在内存的存储位置
    2035651685168
>>> id(s2)                  # 函数 id()返回字符串 s2 在内存的存储位置
    2035651685168           # s1、s2 指向同一段内存空间
>>> s2 = 'xyz'
>>> id(s2)                  # s2 指向空间发生变化
    2035686609456
>>> id(s1)                  # s1 指向空间不变
    2035651685168
```

2. 字符串定界符

为了和其他词法单位区分,字符串类型在 Python 语言中使用定界符标识,包含在定界符中的内容为字符串类型数据,如字符串类型的 12345,用'12345'或"12345"表示,而字符串类型的"Python 语言",用'Python 语言'或"Python 语言"表示。

字符串的定界符有 3 种,不同的定界符之间可以互相嵌套,通常使用的方式有:

(1) 单引号(')。单引号中可以包含双引号,如'He said "I am a student"'。所以当字符串中含有双引号时,最好使用单引号作为定界符。

(2) 双引号("")。双引号中也可以包含单引号,如"I'm a student"。当字符串中含有单

引号时,最好使用双引号作为定界符。

（3）三单引号('''）或三双引号("""）。三引号标识的字符串中,可以跨行,也可以包含单引号和双引号等。这类多行字符串常用于文档注释。

3. 转义字符

在编程实践中,字符串中经常包含一些特殊的控制字符,如到某一段落的结束需要的回车换行符、页面结束时需要的换页符等。这些特殊控制字符在 Python 语言的字符串中不能显示也无法通过键盘输入,这时就需要使用转义字符,如表 2-3 所示。转义字符是指对于字符串中需要输入的一些无法从键盘输入或无法显示的特殊字符时,采用一组特殊的替代字符所表示的字符。如:换行字符,Python 语言就规定用'\n'来表示;换页字符,就用'\f'来表示等。

表 2-3 转义字符

接入方式转义字符	描　　述
\（在行尾时）	续行符,表示下一行是这一行的继续
\\	反斜杠符号
\'	单引号
\"	双引号
\a	响铃
\b	退格（Backspace）
\e	转义
\000	空
\n	换行
\v	纵向制表符
\t	横向制表符
\r	回车（换行）
\f	换页
\oyy	八进制数,y 代表 0～7 的字符,例如\012 代表换行
\xyy	十六进制数,以\x 开头,yy 代表数字 0～F,例如\x0a 代表换行

4. 原始字符串

字符串中的反斜杠（\）有特殊的作用,所以字符串中的每个反斜杠都需要进行转义。当字符串加前缀 r 或 R 时,就可以把反斜杠当作原义字符,不执行转义操作,这样形成的字符串就称为原始字符串。

【演示】

```
>>> print('d:\\Python\\test')
    d:\Python\test
>>> print(r'd:\Python\test')
    d:\Python\test
```

2.2　标识符与命名规则

2.2.1　标识符

每个人都有属于自己的名字,Python 语言中的变量、函数、类、模块以及其他对象也有自己的名字,这就是标识符。简单地说,标识符就是一个合法的名字。编程过程中,在进行标识符命名时应该尽量做到"见名知其意",例如 sum 表示求和,user_name 能大概猜出是和用户名字相关的内容等。

1. 命名规则

Python 语言中的标识符是由字母、数字和下画线(_)等组成的,以字母或下画线(_)开始的一串字符。所以,标识符命名有一定的规则:

(1) 标识符可以由纯英文字母(A~Z 和 a~z)、下画线和数字组成,长度没有限制。

(2) 标识符的第一个字符不能是数字。

(3) 标识符不能是 Python 语言的关键字,但可以包含关键字。

(4) 标识符不能包含空格、@、%以及 $ 等特殊字符。

(5) 标识符中的字母严格区分大小写,abc、Abc 和 ABC 是三个不同的标识符。

(6) 以下画线开始的标识符通常有特殊含义,除非特定场景需要,应避免使用以下画线开头的标识符。

(7) 标识符可以是汉字,但应尽量避免使用汉字作为标识符,否则容易产生错误。

2. 命名规范

标识符的命名除了要遵守以上规则外,不同场景中的标识符,其名称也有一定的规范可循,如:

(1) 用作函数名、类中属性名、类中方法名的标识符全部采用小写字母,可用下画线进行分隔,如 user_age、user_name、book_num 等。

(2) 用作常量名的标识符习惯上全部使用大写字母,也可以用下画线分隔,如 DEF_NUMBER、PI、AGE、YEAR 等。

(3) 用作类名的标识符一般采用单词首字母大写,如 User、Book、Blog 等。

(4) 用作包名的标识符习惯上全部采用小写字母,用"."进行分隔,如 com. book、com. Python、net. editor 等。

(5) 用作模块名的标识符习惯上全部使用小写字母,用下画线分隔,如 user_login、game_register。

当然如果没有严格遵守以上规范,程序照样可以运行。但遵循以上规范可以更加直观地了解代码所代表的含义,如看到 Book 类可以很容易就联想到此类与书有关,若将类名改为 T(或其他)不会影响程序运行,但降低了程序的可读性。

3. 标识符命名技巧

当然好的标识符是不需要注释即可明白其含义的,一般可选择采用以下方法进行命名。

(1) 驼峰式命名法。当标识符是由一个或多个单词连接在一起而构成的唯一识别字时,第一个单词以小写字母开始,从第二个单词开始以后的每个单词首字母都采用大写,如 printEmployeePaychecks、outPrintTxt 等。采用这种命名方法的标识符看起来就像骆驼峰一样高低起伏故得名"驼峰"。这种命名方法在 C、Java 等语言中应用也很普遍。

(2) 帕斯卡命名法。它与驼峰式命名法的不同在于第一个单词的首字母也大写,即所有单词首字母均为大写,如 ShowInfo 等。

此外还需要注意不要使用单个 o(易与 0 混淆)、l(易与 1 混淆)、I(易与 1 混淆)作变量名。具体参见 https://peps. python. org/pep-0008/♯naming-conventions。

4. 标识符示例

【演示】 根据规则判断下面标识符是否合法。

abc_xyz、abc－xyz、xyz＃abc、HelloWorld、4abc、abc、and、Abc3、x

【分析】

合法标识符:abc_xyz、HelloWorld、abc、Abc3、x;
不合法标识符:abc－xyz、xyz＃abc,标识符中不允许出现字母、数字和下画线以外的字符;
4abc:标识符不允许以数字开头;
and:关键字不能作标识符。

另外,类似_Abc 或 book_虽然是合法的标识符,但是通常在开头或结尾添加下画线的标识符有特殊的含义,所以需要注意以免混淆含义。如采用单下画线开头的标识符(如_width)通常表示不能直接访问的类属性,其无法通过 from…import * 的方式导入;采用双下画线开头的标识符(如__add)表示类的私有成员;采用双下画线作为开头和结尾的标识符(如__init__)表示专用标识符等。

2.2.2 关键字

关键字也称保留字,是编程语言中的一类语法结构。关键字具体是一些被赋予特定意义的单词。通常,关键字包括用来标记编程语言内置的数据类型,并用来标识诸如循环结构、语句块、条件、分支等程序结构。Python 语言要求在编写程序时,不能使用关键字作为标识符给变量、函数、类、模板以及其他对象命名。

Python 语言包含的所有关键字(见表 2-4)可以通过输入如下命令进行查看:

```
>>> import keyword          # 导入库
>>> keyword.kwlist          # 列出所有关键字
['False', 'None', 'True', 'and', 'as', 'assert', 'async', 'await', 'break', 'class', 'continue', 'def',
 'del', 'elif', 'else', 'except', 'finally', 'for', 'from', 'global', 'if', 'import', 'in', 'is',
 'lambda', 'nonlocal', 'not', 'or', 'pass', 'raise', 'return', 'try', 'while', 'with', 'yield']
```

表 2-4 关键字及其含义

关键字	含 义	说 明
False	逻辑假	布尔型变量取值
True	逻辑真	
if	条件判断(与 else 配套)	条件分支语句中的判断语句
elif	其他选择(与 if 配套)	
else	否则(与 if 配套)	
in	循环范围(与 for 配套)	判断是否在其中,比如是否在列表中
del	删除	删除一个变量或者删除列表中某个元素
for	计数循环(与 in 配套)	构造循环语句
while	条件循环	
break	跳出循环(与 with 配套)	
continue	跳过剩余语句继续循环	

关键字	含　义	说　明
and	与运算,有一个 False,结果为 False	逻辑运算符
or	或运算,有一个 True,结果为 True	
not	非运算	
def	定义函数或方法	函数相关
return	函数返回(与 def 配套)	
yield	生成器(函数返回)	
class	定义类	面向对象的程序设计
from	导入模块(与 import 配套)	from … import … as … 从……导入……指定别名为……
import	导入模块	
as	别名(与 import 配套)	
assert	断言(异常处理)	计算一个布尔值,断言成立,程序继续执行;否则,停止执行,打印出 AssertError 以及指定的字符串,多用于调试
is	身份运算符	判断变量是否引用同一对象,对象 ID 是否相同
pass	空语句(不做任何操作)	用于占位符,保持程序完整
None	空	表示变量是空值
try	异常处理(与 except 配套)	try 用于捕获异常,出现异常时执行 except 后语句;没有异常就执行 else 后语句;无论是否出现异常都执行 finally 后语句
except	异常处理(与 try 配套)	
finally	异常处理(与 try 配套)	
as	异常处理	当 with 语句进入时,执行对象的 __enter__()方法,该方法返回值赋给 as 指定目标; 当 with 语句退出时,执行对象的 __exit__()方法,无论是否发生异常,都会进行清理工作
with	异常处理	
global	定义全局变量	
lambda	匿名函数	
async	协程(多任务处理)	针对 coroutine 的新语法
await	挂起协程	
nonlocal	函数外层作用域变量	Python 3.2 后引入,用于封装函数且一般使用于嵌套函数
raise	异常抛出操作	

　　需要注意的是,由于 Python 语言是严格区分大小写的,关键字也不例外。所以,if 是关键字,但 IF 不是。在实际开发中,如果使用 Python 语言中的关键字作为标识符,则解释器会提示 invalid syntax 的错误信息。

2.2.3　内置函数

　　将使用频繁的代码段封装起来,并给它起个名字,方便以后通过名字使用的代码,就是函数。所以函数就是一段封装好的、可以重复使用的代码,它使得程序更加模块化。

　　Python 语言解释器提供了一些常用的功能,并且分别给它们起了名字,这些功能就是内置函数。内置函数与标准库不同,它是解释器的一部分,会随着解释器的启动而生效。所以解释器启动之后,就可以直接使用内置函数而不需要导入某个模块。而 Python 语言标准库相当于解释器的外部扩展,它并不会随着解释器的启动而载入,要想使用这些外部扩展,必须提前导入。一般来说,内置函数的执行效率要高于标准库函数。

当然为避免解释器变得臃肿和庞大,Python 语言内置函数的数量是严格控制的。一般来说,只有那些频繁使用或者语言本身绑定比较紧密的函数,才会被提升为内置函数。如在屏幕上输出文本就是使用最频繁的功能之一,所以 print() 是 Python 语言的内置函数。下面列出了 Python 3.x 中的所有内置函数。

abs()	all()	any()	basestring()	bin()	bool()
bytearray()	callable()	chr()	classmethod()	cmp()	compile()
complex()	delattr()	dict()	dir()	divmod()	enumerate()
eval()	execfile()	file()	filter()	float()	format()
frozenset()	getattr()	globals()	hasattr()	hash()	help()
hex()	id()	input()	int()	isinstance()	issubclass()
iter()	len()	list()	locals()	long()	map()
max()	memoryview()	min()	next()	object()	oct()
open()	ord()	pow()	print()	property()	range()
raw_input()	reduce()	reload()	repr()	reverse()	round()
set()	setattr()	slice()	sorted()	staticmethod()	str()
sum()	super()	tuple()	type()	unichr()	unicode()
vars()	xrange()	zip()			

注意,不要使用内置函数的名字作为标识符使用(例如变量名、函数名、类名、模板名、对象名等),虽然这样做 Python 语言解释器不会报错,但会导致同名的函数被覆盖,从而无法使用。

【演示】 错误使用内置函数作为标识符。

```
>>> print = "内置函数"      # 将内置函数名 print 作为变量名赋值字符串"内置函数"
>>> print("Hello World!")   # 因为变量 print 与内置函数名 print 重名,使得原输出函数功能失效
    Traceback (most recent call last):
     File "<pyshell# 20>", line 1, in <module>
        print("Hello World!")
    TypeError: 'str' object is not callable
```

如果想快速了解 Python 语言的内置函数,可以在 IDLE 界面提示符后输入如下代码:

```
>>> dir(__builtins__)
```

代码执行后将直接输出系统所有内置异常、内置常量、内置类型和内置函数的函数名(后部以小写字母开头的元素)。

2.3 常量与变量

任何编程语言都需要处理数据,如数字、字符串、字符等,而在具体处理时可以直接使用数据,也可以将数据保存到变量中,方便以后使用。Python 语言根据程序执行过程中,数据的值是否会发生变化,分别采用常量和变量,事实上无论哪种量在创建时都将在内存中开辟一块相应空间,用于保存它的值。

2.3.1 常量

常量是指在程序执行过程中其值始终不变的量,如身份证号、出生年月、圆周率等数值。常量也具有一定的数据类型,在实际表达方式上既可以直接表示,也可以用符号代表。直接表示的常量称为字面量,用符号表示的常量称为符号常量。

1. 字面量

不经任何说明就可以直接使用的量称为字面量,它的表示形式自动地决定了它的数据类型。例如 30 是一个整型常量(int),而 30.0 是一个实型常量(float)。

【例 2-1】 在 Python 语言中使用数值字面量。

【参考代码】

```
a = 100                # 100 为整型常量
float_1 = 10.5         # 10.5 为实型常量
float_2 = 1.5e2        # 1.5e2 为实型常量
print(a)               # 输出整型变量 a
print(float_1,float_2) # 输出实型变量 float_1 和 float_2
```

程序执行结果:

```
>>> 100
    10.5 150.0
```

2. 符号常量

在 Python 语言中并没有提供定义符号常量的关键字,但是定义了常量的命名规范,具体为由大写字母和下画线组成。如:

```
PI = 3.141592653       # 说明 PI 为符号常量
```

注意,用大写字母命名是将符号常量与变量分开的惯例,然而,实际操作上并不能阻止符号常量被重新赋值。因此从语法层面看,符号常量的使用与变量完全一致。所以在实际应用中,符号常量首次赋值后,还是可以被其他代码修改的。

2.3.2 变量

程序执行的本质就是一系列状态的变化,它是程序执行的直接体现,如求出一系列数据的和,所以需要有一种机制能够保存程序执行时的状态以及状态的变化。在程序执行过程中,具体这些值可以改变的量就称为变量,如人的年龄、性别、游戏角色的等级、款项等。

计算机中的变量用于存储程序中使用的各种数据,它对应于计算机内存中的一块区域。从运行的角度看,每当在变量中存储一个值时,该值实际上是被存储在内存中一个确定的物理位置。变量就是用户在编程中用于存储值的内存位置的名字,因此,变量名本质上是一个内存地址。变量占用内存的大小取决于存储在变量中值的类型。变量通过唯一的标识符(即变量名)来表示,并且可以通过各种运算符对变量的值进行操作。通俗地说,变量就是给数据起一个名字。

Python 语言是动态类型语言，即变量不需要显式声明数据类型。根据变量的赋值，Python 语言的解释器会自动确定其数据类型。因此，变量可以是任意数据类型，如数字、字符串、逻辑值、空值(None)等。对数字类数据来说，其值是数据的有效位；对字符型数据来说，变量的值是包含字符的多少，有时为"空"，有时为数百万个字符(如将一本小说读入一个变量中)。

1. 变量名与内存地址

由于 Python 语言中的变量仅仅只是用来保存一个数据对象的地址。无论是什么数据对象，在内存中创建好数据对象之后，都只是把它的地址保存到变量名中。所以变量名是与类型无关的，但它指向的值是与类型相关的。这些内存对象中都至少包括对象类型和对象的值。

在程序中"给变量赋值"时，操作系统就会为这个值(数据)分配一块内存空间存储变量值，这块内存区域地址在程序中以"变量名"的形式表示。当程序中变量值改变时，操作系统会为新值分配另一个内存空间，然后让变量名指向新值。数据值变化时，变量名不变，内存地址改变。程序使用变量名代表内存地址主要考虑内存地址不易记忆，且内存地址由操作系统动态分配以及地址会随时变化等因素。

【演示】 利用内置函数 id() 查看变量的内存地址。

```
>>> a = 1                    # 变量 a 赋初值 1
>>> id(a)                    # 查看变量 a 所在内存空间地址
    2035646726384
>>> a = 2                    # 变量 a 重新赋值 2
>>> id(a)                    # 查看变量 a 所在内存空间地址
    2035646726416            # 可以发现 a 值发生变化，空间地址也发生变化
```

2. 变量赋值

Python 语言确定一个变量的数据类型是在赋值时，也就是说赋值给变量什么数据类型的数值，变量就是什么数据类型。同时由于没有变量定义，因此变量使用前就必须赋值。在 Python 语言中创建一个变量是非常容易的。赋值运算符"＝"用于此目的。赋值运算符左边是变量的名称，赋值运算符右边是分配给该变量的值。

【语法格式】

```
variable_name = value
```

【说明】

variable_name 是变量名，变量通过变量名访问，variable_name 必须符合标识符命名规则。赋值号右边的 value 可以是简单的字面量，也可以是复杂的运算表达式。

【演示】 变量的赋值。

```
Name = "张三"               # 字符串型变量 Name
Age = 15                    # 整型变量 Age
Score = 102.5               # 浮点型变量 Score
Pass = True                 # 布尔型变量 Pass
```

这里定义了 4 个变量：Name、Age、Score 和 Pass，变量名是由程序员根据标识符规则

和描述数据含义给变量起的名字。Python 语言解释器在程序运行时,根据变量存储的值,确定变量的数据类型。例如,当 Python 语言解释器解释"Name＝"张三""时,检查赋值符号右侧对象的数据类型,"张三"是字符串。因此,Python 语言自动将 Name 解释成一个字符串型的变量。而 Age 赋值是整数类型 15,那么 Age 变量的数据类型就是整型。

变量的类型可以通过内置函数 type()进行查看。

【演示】 通过内置函数 type()查看变量的数据类型。

```
>>> a = 1              # 变量 a 赋初值 1
>>> type(a)            # 查看变量 a 的类型
    <class 'int'>
>>> a = 2.5            # 变量 a 再次赋值 2.5
>>> type(a)            # 查看变量 a 的类型
    <class 'float'>
```

可见,变量类型与所赋值的类型相关,值的类型发生变化,变量类型也随之改变。

若需要给多个变量赋相同值时,可采取连续赋值方式(又称链式赋值)。Python 语言中的赋值表达式也是有值的,它的值就是被赋的那个值,或者说是赋值号左侧变量的值;如果将赋值表达式的值再赋值给另外一个变量,这就构成了连续赋值。如:

```
>>> a = b = c = 100    # a,b,c 赋值为 100
```

连续赋值运算从右往左进行,首先计算 c＝100,表示将 100 赋值给 c,所以 c 的值是 100;同时,c＝100 这个子表达式的值也是 100。所以 b＝c＝100 表示将 c＝100 的值赋给 b,因此 b 的值也是 100。以此类推,a 的值也是 100。最终结果就是,a、b、c 三个变量的值都是 100。

在 Python 语言中还支持同步赋值完成同时为多个变量赋值。

【语法格式】

```
variable_name1[,variable_name2,…,variable_nameN] = value1[,value2,…,valueN]
```

【说明】

variable_name1,variable_name2,…,variable_nameN 为多个变量名,变量名之间用逗号分隔,value1,value2,…,valueN 表示变量要赋的值,多个值之间也用逗号隔开,注意,为多个变量分别赋值时,variable_name1 对应 value1,variable_name2 对应 value2,以此类推。

注意:赋值运算符左侧变量的数目与右侧表达式的数目必须相同。

【演示】

```
>>> a,b,c = 1,2,"John"      # 相当于 a = 1,b = 2,c = "John"
```

赋值语句运行时系统首先计算右侧表达式的值,然后同时将各个表达式的值赋予左边的对应变量,若无法一一对应,程序将会报错。

【演示】 判断下列变量的定义语句。

```
money:150                  # 错误,应使用赋值号" = "
name➙"韩梅梅"              # 错误,应使用赋值号" = "
```

```
weight = 72.1                          ♯ 正确
date@12-24                             ♯ 错误,应使用赋值号" = "
age,weight,name = 21,58.3             ♯ 错误,变量名多于变量值,没有做到——对应
num_people,num_cars = 20              ♯ 正确
count,sum_count = 13,25,36            ♯ 错误,变量名少于变量值,没有做到——对应
```

【演示】 利用同步赋值完成数据交换。

```
>>> x,y = 1,10                         ♯ x,y同时分别赋值为 1 和 10
>>> x,y                                ♯ 输出 x 和 y 的值
    (1,10)
>>> y,x = x,y                          ♯ y,x同时分别赋值为 x 和 y,即 1 和 10
>>> x,y                                ♯ 输出 x 和 y 的值
    (10,1)
```

2.4   运算符与表达式

2.4.1   基本运算符

Python 语言中完成对常量、变量做不同运算的符号称为运算符,参与运算的对象称为操作数。按照运算所需要的操作数数目,Python 语言的运算符分为单目、双目、三目运算符。

(1) 单目运算符只需要一个操作数。例如:单目减(-)、逻辑非(not)。

(2) 双目运算符需要两个操作数。Python 语言中大多数运算符是双目运算符。

(3) 三目运算符需要三个操作数。条件运算符是三目运算符,例如:b if a else c。

运算符具有不同的优先级,"先乘除后加减"就是优先级的体现。Python 语言运算符种类很多,优先级也分成了高低不同的多个层次。当一个表达式中有多个运算符时,按优先级从高到低依次运算。

运算符还具有不同的结合性:左结合或右结合。当一个表达式中有多个运算符,且优先级都相同时,就根据结合性来判断运算的先后顺序。

(1) 左结合就是自左至右依次计算。如:15+36 先取 15,再取 36,然后做加法运算。这是按从左到右的顺序执行加法运算,所以运算符"+"是左结合的。Python 语言的运算符大多是左结合的。

(2) 右结合就是自右至左依次计算。如:A=A+35,先取出变量 A 的值,再取 35 做加法运算,然后将结果赋给变量 A。这是按从右向左的顺序对操作数完成赋值运算的,所以运算符"="是右结合的。此外,所有的单目运算符都是右结合的。

需要注意的是,通过优先级、结合性决定的运算次序,只在没有小括号的情况下成立。使用小括号可以改变运算符的运算次序。对小括号来说内层的小括号更优先,是从内向外运算的。

Python 语言拥有丰富的运算符,支持算术运算符、赋值运算符、关系运算符、逻辑运算符、位运算符、成员运算符、身份运算符等基本运算符。Python 语言提供的所有运算符称为运算符集合。

1. 算术运算符

顾名思义,算术运算符就是程序进行算术运算的符号,Python 语言中定义了+、-、

* 、/、//、%、** 等多种算术运算符,如表 2-5 所示。

表 2-5　算术运算符

符号	意　义	举　例
**	乘方	10 ** 5 返回 100000,即 10^5
+	单目+,表示正数	+2
—	单目—,表示负数	—2
*	乘法	10 * 5 返回 50
/	浮点除法,返回商	10/5 返回 2.0
%	整除运算,返回余数	10%3 返回 1
//	整数除法,返回整数商(得到商后取整)	10//3 结果为 3;10//6 结果为 1
+	加法	10+5 返回 15
—	减法	10—5 返回 5

【说明】

(1) 由表 2-5 可知算术运算符的优先级,按照从高到低(同一行优先级相同)为:

$$** \to 单目 + 、单目 - \to *、/、//、\% \to +、-$$

其中,**、单目+和单目—是右结合,其余是左结合。

(2) 运算符%又叫取模运算,返回两操作数的余数,余数的符号与除数相同,如:5%3 返回 2,—5%3 返回 1,5%—3 返回—1,—5%—3 返回—2。

(3) 运算符//是整数除法,即运算结果是整数。注意,返回商的整数部分向下取整。如:

```
>>> 9//2
    4
>>> —9//2
    —5
```

(4) 在 Python 语言中,不能像在数学运算式中那样任意省略乘号,或用中间圆点"·"代替乘号,而需要在适当的位置上加上乘法运算符。如习惯上的算术表达式 $\dfrac{x^2}{(x+y)(x-y)}$,应写成 x * x/((x+y) * (x—y))或 x * x/(x+y)/(x—y)的形式。

(5) Python 语言中,常用的数学运算类的内置函数如表 2-6 所示。

表 2-6　常用数学运算类的内置函数

函　数	描　述	实　例
abs()	绝对值	abs(—5)返回 5;abs(—5.0)返回 5.0
divmod()	取模,返回商和余数	divmod(5,2)返回(2,1)
max()	求最大值	max(3,1,5,2,4)返回 5
min()	求最小值	min(3,1,5,2,4)返回 1
pow()	乘方	pow(5,2)返回 25;pow(5.0,2.0)返回 25.0
round()	四舍五入取整	round(1.5)返回 2;round(2.5)返回 2
sum()	可迭代对象求和	sum([1,2,3,4])返回 10

(6) math 模块中的常用函数如表 2-7 所示。

表 2-7 math 模块中的常用函数

函　　数	描　　述	实　　例
fabs()	绝对值,返回浮点型数据	fabs(−5)返回 5.0
ceil()	大于或等于 x 的最小整数	ceil(2.2)返回 3；ceil(−5.5)返回−5
floor()	小于等于 x 的最大整数	floor(2.2)返回 2；floor(−5.5)返回−6
trunc()	截取为最接近 0 的整数	trunc(2.2)返回 2；trunc(−5.5)返回−5
factorial()	整数的阶乘	factorial(5)返回 120
sqrt()	平方根	sqrt(5)返回 2.23606797749979
exp()	以 e 为底的指数运算	exp(2)返回 7.38905609893065
log()	对数	log(math.e)返回 1.0；log(8,2)返回 3.0

注意,内置函数可以直接使用,而 math 模块中的函数需要预先导入 math 库,即在文件引用部分添加 import math,再通过 math 利用引用运算符“.”引用函数,如 math.sqrt()。

另外,math 模块中还定义了两个常量供使用。

(1) math.pi:数学常量 π,定义为 math.pi＝3.141592653589793。

(2) math.e:数学常量 e,定义为 math.e＝2.718281828459045。

【演示】 利用 math 模块中的函数求 $\sqrt{\pi}$。

```
>>> import math                # 导入 math 模块
>>> math.sqrt(math.pi)         # 调用 math 库中的 sqrt()函数和 pi 常量
```

若程序中多次使用模块中的函数,为避免每次写模块名的麻烦,也可以按“from math import *”的方式导入,其中“*”代表导入所有的变量和函数。这样就可以像使用内置函数一样使用模块函数。

则上例也可改为:

```
>>> from math import *         # 导入 math 模块中的所有函数和变量
>>> sqrt(pi)                   # 调用 math 库中的 sqrt()函数和 pi 常量
```

注意:多个模块中可能存在同名函数,如果都使用这种方式导入,可能产生名字冲突的问题,所以通常在程序中只有单一模块导入时才使用这种方式。

2. 关系运算符

关系运算符也称为比较运算符,即对两个操作数进行比较,并判断其结果是否符合给定条件。Python 语言允许将两个数值型或字符串型数据进行大小比较,运算结果返回一个“真”或“假”的布尔值。

Python 语言中关系运算符有 6 种,都是二元运算符,具体定义如表 2-8 所示。

表 2-8 关系运算符

符号	意　　义	举例(若 M 和 N 分别为 10 和 5)
==	判断是否等于	(M== N) 返回 False
!=	判断是否不等于	(M != N) 返回 True
>	判断是否大于	(M>N) 返回 True
<	判断是否小于	(M<N) 返回 False
>=	判断是否大于或等于	(M>= N) 返回 True
<=	判断是否小于或等于	(M<= N) 返回 False

【说明】

(1) 所有关系运算符的优先级相同,都是左结合,且算术运算符优先级高于关系运算符。

(2) 比较是否相等要用双等号"＝＝",而不是"＝"。

(3) 若两个操作数均为数值型,则按数值大小进行比较,得出判断结果。

(4) 若两个操作数均为字符串型,则按对应字符顺序进行比较,即:首先取两个字符串的第一个字符进行比较,较大的字符所在字符串更大;如果相同,则再取两个字符串的第二个字符进行比较,以此类推。字符串比较结果分三种情况。

① 在字符串所有字符比较结束之前存在不同字符的,Unicode 编码值较大的字符所在字符串更大。

② 在字符串所有字符比较完毕后依然没有不同字符,并且两个字符串同时比较完所有字符,则两个字符串相等。

③ 在字符串比较过程中,其中一个字符串已经取完所有字符,那么这个较短的字符串较小。也可以认为此时是空字符和其他字符比较,空字符(null)编码值最小,其 Unicode 编码值为 0。

常见字符比较关系为:空字符<空格<'0'~'9'<'A'~'Z'<'a'~'z'<汉字。

(5) 浮点数比较时,因为浮点运算过程会出现精度误差,所以可能产生本应相等但结果不等的情况。

【演示】 浮点数精度对比较结果的影响。

```
>>> x = 0.1 + 0.2 + 0.3          # 将 0.1、0.2 和 0.3 之和赋给变量 x
>>> x == 0.6                     # 判断 x 值是否为 0.6
    False
>>> x                            # 查看变量 x 的值
    0.6000000000000001
```

可以发现变量 x 的值不是 0.6,导致直接判断两者是否相等时运算结果为假。在实际操作中,判断两个浮点数是否"应该相等"时,通常使用两个浮点数的差距小于一个极小值来进行判定。这个"极小值"可以根据需要自行设定。如上可将 10^{-6} 作为极小值,根据 x 与 0.6 之间差距是否小于 10^{-6} 来判断 x 是否等于 0.6。

```
>>> abs(x - 0.6)<1e-6            # 利用内置函数 abs()求 x 与 0.6 的差距
    True
```

(6) 复数不能比较大小,只能比较是否相等。

【演示】

```
>>> 1 + 2j>2j                                    # 判断两个复数的大小
    Traceback (most recent call last):           # 返回错误信息
     File "<pyshell # 30>", line 1, in <module>
        1 + 2j>2j
    TypeError: '>' not supported between instances of 'complex' and 'complex'
>>> 1 + 2j != 2j                                 # 比较两个复数是否不等
    True
```

（7）Python 语言允许链式比较，即形为 x<y<z，相当于 x<y 并且 y<z，表示 y 取值在 x 和 z 之间，这与数学表达式含义相同。也可以用 x<y>z，相当于 x<y 并且 y>z，相当于 y 大于 x 和 z。

【演示】 若 m=1，n=5，写出下列表达式的结果。

> （1）0<m<n。
> m>0 结果为 True，m<n 结果为 True，原式表示 m>0 并且 m<n，所以表达式结果为 True。
> （2）m == n。
> 判断 m 和 n 的值是否相等，结果为 False。
> （3）m>"ABC"。
> 数值型数据 m 不能和字符串"ABC"比较大小，会出现错误信息。
> （4）"ABC">"abc"。
> 字符串按对应字符的编码进行比较，A 的编码为 65，a 的编码为 97，所以结果为 False。
> （5）"ABC">"AB"。
> 字符串按对应编码进行比较，字符串"AB"短于"ABC"，所以结果为 True。
> （6）2 == 2>1。
> 同级运算符" == "和">"连用，属于链式比较，即判断 2 == 2 与 2>1 是否同时成立，因为 2 == 2 结果为 True，2>1 结果为 True，所以结果为 True。

3. 逻辑运算符

关系运算符只能判断是否满足单一条件，如果需要判断两个或两个以上条件互相结合后的情况，如判断"x>1"和"y<10"两个条件是否同时成立，就要用到逻辑运算符和逻辑表达式。Python 语言中提供三种逻辑运算符用来表示操作数之间的逻辑关系，逻辑与（and）、逻辑或（or）和逻辑非（not），如表 2-9 所示，其运算结果均为布尔值。

表 2-9 逻辑运算符

符 号	意 义	举例（M=True，N=False）
and	逻辑与	（M and N）结果为 False
or	逻辑或	（M or N）结果为 True
not	逻辑非	not（M and N）结果为 True

逻辑运算符的运算规则：

（1）not，单目运算符，False 的非运算结果为 True，True 的非运算结果为 False。

例如，not a，当 a 为 True 时，结果为 False；当 a 为 False 时，结果为 true。

（2）or，双目运算符，只有当两个操作数都为 False 时，结果为 False，否则结果为 True。

例如，a or b，当 a、b 两个操作数有一个为 True 时，结果为 True；当两个操作数全为 False 时，结果为 False。

（3）and，双目运算符，只有当两个操作数都为 True 时，结果为 True，否则结果为 False。

例如，a and b，当 a、b 两个操作数都为 True 时，结果为 True；当其中一个操作数为 False 时，结果为 False。

如表 2-10 所示的逻辑运算的真值表表示当 a 和 b 的值在不同组合时，各种逻辑运算所得到的值。

表 2-10　逻辑运算的真值表

a(条件)	b(条件)	not a	a and b	a or b
True	True	False	True	True
True	False	False	False	True
False	True	True	False	True
False	False	True	False	False

【说明】

（1）逻辑运算符的优先级为 not→and→or，其中 and 和 or 是左结合，not 是右结合。算术、关系和逻辑运算符的优先级由高至低的顺序：算术运算符→关系运算符→逻辑运算符。

（2）逻辑表达式的求解顺序为自左至右。注意，并不是表达式中所有的逻辑运算都被执行，只是在必须执行下一个表达式才能求解整个表达式时，才执行该逻辑运算，以省不必要的计算时间。

① 对于 and 运算符，两边的值都为真时最终结果才为真，但是只要其中有一个值为假，那么最终结果就为假，所以 Python 语言按照下面的规则执行 and 运算：

- 如果左边表达式的值为假，那么就不用计算右边表达式的值，因为不管右边表达式的值是什么，都不会影响最终结果为假的事实，即把左边表达式的值作为最终结果。
- 如果左边表达式的值为真，此时最终值不确定，and 将继续计算右边表达式的值，并将右边表达式的值作为最终结果。

例如，a and b and c，只有 a 为 True 时才需要判断 b 的值；只有 a 和 b 都为 True 的情况下才需要判断 c 的值。只要 a 为 False，就不必判断 b 和 c（此时整个表达式已确定为 False）。如果 a 为 True，b 为 False，则不判断 c。

② 对于 or 运算符，两边的值都为假时最终结果才为假，只要其中有一个值为真，那么最终结果就为真，所以 Python 语言按照下面的规则执行 or 运算：

- 如果左边表达式的值为真，那么就不用计算右边表达式的值，因为不管右边表达式的值是什么，都不会影响最终结果为真的事实，即把左边表达式的值作为最终结果。
- 如果左边表达式的值为假，那么最终值不确定，or 会继续计算右边表达式的值，并将右边表达式的值作为最终结果。

例如，a or b or c，只要 a 为 True，就不必判断 b 和 c；只有 a 为 False，才判断 b；a 和 b 都为 False 才判断 c。

由此可见，对 and 运算符来说，只有 a 为 True 时，才继续进行右操作数的运算。对 or 运算符来说，只有 a 为 False 时，才继续进行其右操作数的运算。

【演示】　逻辑表达式示例。

```
>>> "abc" and 40    # and 运算符左操作数为真,则右操作数为结果,输出第一个值为假的表达式
40
>>> '' and 20       # 空字符串为假,and 运算符输出第一个值为假的表达式
''
>>> 20 or 0         # or 运算符输出第一个值为真的表达式
20
>>> 0 or True       # 左操作数 0 为假时,or 运算符输出右操作数
True
```

【演示】 写出判别闰年条件的逻辑表达式。

【分析】

闰年的条件是符合下面二者之一：

(1) 能被 4 整除,但不能被 100 整除;

(2) 能被 400 整除。

【解】 若设年份用变量 year 表示,则判断闰年的条件用逻辑表达式表示为：

```
(year % 4 == 0 and year % 100 != 0) or (year % 400 == 0)
```

4. 复合赋值运算符

在所有的数学运算符的右边都加上了赋值运算符" = "形成的运算符就叫作复合赋值运算符。复合赋值语句就是利用复合赋值运算符对变量当前值进行某种运算后执行赋值操作的,这里变量既是运算对象又是赋值对象。

【语法格式】

```
variable_name < op > = value
```

【说明】

参数 variable_name 表示变量名,op 为复合运算符,表示一个需要两个运算对象的双目运算符,可以是一个算术运算符或位运算符,它与赋值运算符(=)一起构成了复合赋值运算符。Python 语言提供了 12 种复合赋值运算符,包括＋＝、－＝、＊＝、/＝、//＝、％＝、＊＊＝、<<＝、>>＝、&＝、|＝、^＝,其中前面 7 种为算术运算的复合赋值运算符,如表 2-11 所示,后面 5 种为位运算的复合赋值运算符。所有复合赋值运算符的优先级均与赋值运算符相同。

表 2-11 复合赋值运算符

符号	意 义	举例(M=9,N=5)
=	将操作符右边的值赋给左边的变量	M=N,表示 N 的值赋给了 M,所以 M=5
＋＝	将操作符左边的值与右边的值相加后再赋给左边的变量	M＋=N,表示将 M＋N 的值赋给 M,相当于 M=M＋N,结果为 M=14
－＝	将操作符左边的值与右边的值相减后再赋给左边的变量	M－=N,表示将 M－N 的值赋给 M,相当于 M=M－N,结果为 M=4
＊＝	将操作符左边的值与右边的值相乘后再赋给左边的变量	M＊=N,表示将 M＊N 的值赋给 M,相当于 M=M＊N,结果为 M=45
/＝	将操作符左边的值除以右边的值后再赋给左边的变量	M/=N,表示将 M/N 的值赋给 M,相当于 M=M/N,结果为 M=1.8
％＝	将操作符左边的值与右边的值取余后赋给左边的变量	M％=N,表示将 M％N 的值赋给 M,相当于 M=M％N,结果为 M=4
＊＊＝	将操作符右边的值作为左边值的指数后赋给左边的变量	M＊＊=N,表示将 M 的 N 次方的值赋给 M,相当于将 M^N 赋值为 M,结果为 M=100000

复合赋值语句写成简单赋值语句则为：

```
variable_name = variable_name < op > value
```

注意,当 value 是一个表达式时,先计算表达式的值再进行复合运算。如:

```
>>> x = 10
>>> x *= 1 + 2              # 相当于 x = x * (1 + 2)
>>> x                       # 输出 x 的值
    30
```

5. 位运算符

Python 语言中的位运算符是专门用来进行二进制数据运算的符号,只能用来操作整型类型。位运算按照整数在内存中的二进制形式进行,具体运算规则为:先把整数转换为内存中数据存储的二进制表示形式,按最低位对齐,短的高位补 0,然后按位进行位运算,最后把得到的二进制转换为十进制数。Python 语言支持的位运算符如表 2-12 所示。位运算一般用于底层开发,在应用层开发中并不常见。

表 2-12　位运算符

符号	意义	运 算 规 则	举例（M＝0b0100,N＝0b1111）
&	按位与	0&0=0,0&1=0,1&0=0,1&1=1	M & N=0b0100
|	按位或	0|1=1,1|0=1,1|1=1,0|0=0	M|N=0b1111
^	按位异或	0^0=0,1^1=0,0^1=1,1^0=1	M ^ N=0b1011
~	按位取反	~0=1,~1=0,对于整数 x 有~x=−(x+1)	~M=0b1011
<<	左移	原来的所有位左移,最低位补 0,相当于乘以 2	M<<1,0100 左移 1 位,结果为 1000
>>	右移	原来的所有位右移,最低位丢弃,最高位使用符号位填充,相当于整除 2	M>>2,0100 右移 2 位,结果为 0001

【说明】

(1) 位运算符的优先级规则为～ →(<<、>>)→ & → ^→ |,其中 & 和～是右结合,其他是左结合。位、算术、关系和逻辑运算符的优先级由高至低的顺序:～ → 算术运算符 → 位运算符 → 关系运算符 → 逻辑运算符。

(2) 位运算符操作的对象是数据在内存中存储的原始二进制位,而不是数据本身的二进制形式。

(3) 按位求反并不是简单地将其二进制表示按位求反。注意,计算机内部是使用二进制补码形式来存储数据的。即正数的补码与原码相同,而负数的补码为在其原码基础上,符号位不变,其余各位取反再加 1 所得。

【演示】　以 8 位二进制码制为例,求～9 和～(−9)。

【分析】

先转换 9 为二进制形式 1001,其原码为 00001001,因为是正数,所以补码也为 00001001。～9 按其二进制补码 00001001 的各位求反得到,为 11110110。因为该值最高为位 1,则这是一个负数的二进制补码形式,按负数补码求解方法求得其对应数值的原码是 10001010,转换为十进制数即为−10。

对～(−9),首先将−9 转换为二进制形式−1001,其原码为 10001001,补码形式为 11110111,然后按位求反得 00001000,最高位为 0,则这是一个正数,转换为十进制数即为 8。

```
>>> ~9
    -10
>>> 9
    8
```

48

6. 成员运算符

成员运算符判断一个值是否属于一个序列的符号,这里的序列可以是列表、元组、集合和字典等。Python 语言中有两个成员运算符,具体定义如表 2-13 所示。

表 2-13　成员运算符

符号	意　义	举例(cars=['Honda', 'Toyota', 'Audi', 'Ford', 'BYD'])
in	判断一个值是否属于一个序列	'BMW' in cars 返回结果为 False
not in	判断一个值是否不属于一个序列	'BMW' not in cars 返回结果为 True

7. 身份运算符

身份运算符判断两个标识符是否引用自一个对象,比较的是两个对象的内存地址是否相同。常用的身份运算符有两个,具体定义如表 2-14 所示。

表 2-14　身份运算符

符号	意　义	举例解释(A=20,B=20)
is	判断两个标识符是否引用自一个对象,若是则返回 True,否则返回 False	A is B,类似于 id(x)==id(y),结果为 True
is not	判断两个标识符是否引用自不同对象,若是则返回 True,否则返回 False	A is not B,类似于 id(x)!=id(y),结果为 False

2.4.2　表达式中运算符的优先级

表达式是运算符和运算对象组成的有意义的组合,运算对象也称为操作数,它可以是常量、变量,也可以是函数的返回值。通过运算符对表达式中的值进行若干次运算,最终得到表达式的运算结果。按照运算符的种类,表达式可以分为算术表达式、关系表达式、逻辑表达式等。

优先级就是当多个运算符同时出现在一个表达式中时,先执行哪个运算符。多种运算符混合运算形成的复合表达式,需要按照运算符的优先级和结合性依次进行运算。注意,当存在小括号时,运算次序会发生变化。在表达式中,首先执行所有优先级最高的运算符。一旦获得结果,就会执行下一个最高优先级的运算符,这样一直继续下去,直到表达式全部计算完毕。

Python 语言支持几十种运算符,具体运算符优先级规定如表 2-15 所示。

表 2-15　Python 语言的运算符及其优先级

优先级别	运　算　符	运　算　形　式	结合方向	名称或含义
1	()	(x)	从左至右	小括号
2	[]	a[i] 或 a[i1:i2[:i3]]	从左至右	索引运算符
3	.	x.attribute	从左至右	属性访问

优先级别	运 算 符	运 算 形 式	结合方向	名称或含义
4	**	x ** y	从右至左	乘方
5	~	~e	从右至左	按位取反
6	+（正号）、-（负号）	-e	从右至左	符号运算符
7	* 、/、//、%	e1 * e2	从左至右	乘、除、整除和求余
8	+、-	e1+e2	从左至右	加和减
9	>>、<<	e1 << e2	从左至右	位移
10	&	e1&e2	从右至左	按位与
11	^	e1^e2	从左至右	按位异或
12	|	e1|e2	从左至右	按位或
13	==、!=、>、>=、<、<=	e1<e2	从左至右	比较运算符
14	is、is not	e1 is e2	从左至右	is 运算符
15	in、not in	e1 in e2	从左至右	in 运算符
16	not	not e	从右至左	逻辑非
17	and	e1 and e2	从左至右	逻辑与
18	or	e1 or e2	从左至右	逻辑或
19	=	a=1	从右至左	赋值
	%=、/=、//=、-=、+=、*=、**=	a+=1	从右至左	复合赋值运算符

"运算形式"一栏中各字母的含义如下：a 为变量，e1 和 e2 为表达式，i 为整数。

【说明】

括号的优先级最高，所以如果要改变混合运算的运算次序，或者对运算次序把握不准时，都可以使用括号明确规定运算顺序。

运算符的结合方向是对级别相同的运算符而言的，说明在几个并列级别的相同运算符中运算次序。

【演示】 表达式操作符优先级。

> 表达式 2 * 3 ** 4 * 5，优先计算 3 ** 4，结果为 810；表达式 (2 * 3) ** 4 * 5，优先计算括号中的表达式，(2 * 3) = 6，结果为 6480。

对于类似 "a<10 and b>30" 形式的表达式，由表 2-15 可知，关系运算符中的 "<" 和 ">" 的优先级比逻辑操作符 "and" 高，所以其结果和表达式 "(a<10) and (b>30)" 是一样的，但是为了程序的可读性更好，还是应该选择类似后者的形式。

2.5 数据类型转换

利用运算符可以完成对操作数的指定运算，但很多运算对操作数的类型是有要求的。例如，加法运算要求两个操作数类型必须相同，当操作数类型不一致时，则可能会进行隐式类型转换。例如，在整型数与浮点型数相加时，整型数会隐式转换为浮点型数。若操作数类型差别比较大，则不会发生隐式类型转换，此时就需要进行显式类型转换。例如，在整型数与字符串型数相加时，根据需要可以将整型转换为字符串型，再进行字符串连接；或者将字符串型转换为整型,然后进行整型数相加。

表达式的返回值类型由操作数和运算符共同决定。关系和逻辑等表达式的值必为布尔值,连接(＋)和重复(＊)字符串的运算还是字符串,对两个整型数进行算术运算的结果可能是整型数或浮点型数,对两个浮点型数进行算术运算结果还是浮点型数。

Python 语言中的数据类型转换有两类:一类是系统自动完成的隐式类型转换,即 Python 语言在运算中会自动地将不同类型的数据转换为同类型数据来进行计算;另一类是强制类型转换,即需要根据不同的开发需求,强制地将一个数据类型转换为另一个数据类型。

2.5.1 隐式类型转换

在对表达式的求值过程中,若双目运算符的两个操作数的类型不同,则首先要将两个操作数转换为相同的类型,然后进行运算。当将表达式的值赋给一个变量时,若表达式值的类型与变量类型不同,也要先将表达式的值进行类型转换,然后才能赋值。在某些情况中,系统能自动完成的转换就称为隐式类型转换。

当两个不同类型的数据进行运算时,若符合隐式类型转换要求,系统会自动将参与运算的数据中较低数据类型转换为较高数据类型以避免数据的丢失,即统一成两者之间较高精度的数据类型后进行计算。True 和 False 在进行算术运算时转换为 1 和 0。符合隐式类型转换要求的数据类型将按精度等级方向进行转换,即布尔型→整型→浮点型→复数型。

【演示】 混合运算中类型的自动转换。

```
>>> sum = 10 + 10.2
>>> type(sum)
    < class'float'>
>>> sum += True
>>> type(sum)
    < class'float'>
```

【说明】

整型与浮点型运算时,整型转换为浮点型,运算结果即为浮点型。题中整型数 10 和浮点型数 10.2 类型不同,需要转换为相同数据类型——浮点型,所以整数 10 自动转换为 10.0,然后与 10.2 计算,求得和为 20.2,类型为浮点型。

2.5.2 显式类型转换

在显式类型转换中,可以利用相关内置函数将对象的数据类型转换为所需的数据类型。Python 语言提供了以转换目标类型名称为名的类型转换内置函数。

1. float()函数

float()函数返回一个十进制浮点型数值(小数)。

【语法格式】

```
float(n)
```

【说明】

float()括号内的参数 n 只能是如下三种类型的数据：

(1) 二进制、八进制、十进制、十六进制的整数。

(2) 布尔型(布尔值 True 和 False)。

(3) 表示十进制数字的字符串(如"32")。

函数转换的结果都是十进制的数据。

【例 2-2】 float()函数示例。

【参考代码】

```
print(float(18))          # 十进制整数 18
print(float(0x41))        # 十六进制整数 41
print(float(0o41))        # 八进制整数 41
print(float(0b1101))      # 二进制整数 1101
print(float(True))        # 布尔值 True
print(float('32'))        # 表示十进制数字的字符串
```

程序执行结果：

```
18.0
65.0
33.0
13.0
1.0
32.0
```

2. int()函数

int()函数用于将一个字符串或数字转换为整型。

【语法格式】

```
int(x, [base = 10])
```

【说明】

函数将一个数字或 base 类型(默认为 10)的字符串转换为整数，即不指定 base 的值时，函数将参数 x 按十进制处理。x 可以是数字也可以是字符串。但是当 base 赋值后，x 只能是字符串，x 作为字符串时必须是 base 类型，也就是说 x 转换为数字时，必须能用 base 进制表示。base 的取值范围是 2～36。

(1) 不带参数的 int()，得到的是整数 0。

(2) 参数 x 为二进制、八进制、十进制、十六进制的整数时，得到原数的十进制数。

(3) 参数 x 为十进制浮点数时，得到原数的整数部分。注意，int()没有四舍五入的功能。

(4) 参数为整数字符串 x，若 base 省略，则得到字符串转换后的整数；若 base 省略时，则表示字符串 x 中的整数为 base 进制，得到 x 对应的十进制整数。

(5) 参数为浮点型数据的字符串，需先利用 float()将其转换为浮点型数据，再对该浮点数使用 int()，把浮点数截取为整数，否则报错。

【演示】 int()函数示例。

```
>>> int()                # 打印出十进制整数
0
>>> int(True)            # 布尔值 True,打印出十进制整数
1
>>> int(0x16)            # 十六进制的整数 16,打印出十进制整数
22
>>> int(3.14)            # 十进制的浮点型 3.14,打印出十进制整数
3
>>> int(2e2)             # 十进制的浮点型 2e2,打印出十进制整数
200
>>> int('100')           # 整数十进制字符串 100,打印出十进制整数
100
>>> int('100',16)        # 整数十六进制字符串 100,打印出十进制整数
256
>>> int(float('3.5'))    # 浮点型 3.5 的字符串需经两步进行转换,最后打印出十进制整数
3
```

3. round()函数

round()函数用于将浮点型数值四舍五入为整型。

【语法格式】

```
round(object,m)
```

【说明】

object 是对象,m 是四舍五入保留的小数位数(0 表示小数位数为 0,即只保留整数)。若 m 值大于或等于 object 的小数位数,则返回浮点数 object 本身。因为总是逢五向上取整,所以会带来整体计算概率上的偏差。因此,Python 语言采用将需要四舍五入部分为 5 的数字取整到最接近的偶数,即"四舍六入五留双"。

【演示】

```
>>> round(80.23456,2)
80.23
>>> round(1.5)           # 取整到最接近的偶数
2
>>> round(2.125,2)       # 四舍五入到最接近的偶数
2.12
>>> round(0.125,4)
0.125
```

4. bool()函数

bool()函数用于将给定参数转换为布尔类型,如果没有参数,则返回 False。表达式结果类型由操作数和运算符共同决定。

【演示】

```
>>> bool()
False
```

```
>>> bool(0)
    False
>>> bool(1)
    True
>>> bool('')
    False
>>> bool('1')
    True
```

5. chr()函数

chr()主要用来将整数表示的 ASCII 码转换为对应的字符。

【语法格式】

```
chr(n)
```

【说明】

n 为数值表达式,可以是不同进制的整数字面量,取值范围为十进制数 0～255,返回按 ASCII 码转换为的对应字符。

【演示】

```
>>> chr(65)
    'A'
>>> chr(0x41)
    'A'
>>> chr(00141)
    'a'
>>> chr(0b1000001)
    'A'
>>> chr(0)                # 打印出 ASCII 码为 0 的字符
    '\x00'
>>> chr(10)               # 打印出换行符'\n'
    '\n'
```

6. ord()函数

ord()函数是 chr()函数的逆运算,负责把字符转换为对应的 ASCII 码或 Unicode 值。

【语法格式】

```
ord(c)
```

【说明】

c 是一个字符(即长度为 1 的字符串),返回字符对应的十进制 ASCII 码,或者 Unicode 值,如果所给的 Unicode 字符超出了 Python 语言定义范围,则会引发一个 TypeError 的异常。

【演示】

```
>>> ord('a')
    97
```

2.6 数据的输入输出

输入是告诉程序所需要的信息,输出是程序运行后告知的执行结果,通常把输入输出简称为 I/O。Python 语言提供多种输入输出方式,input()和 print()就是最基本的输入和输出函数,文件输入输出方式将在后续章节专门讨论。

2.6.1 输入

输入可以在程序运行时从输入设备获得数据。输入的标准设备就是键盘。

1. input()函数

input()函数是一个内置标准函数,其功能是从键盘读取所输入的数据,并返回一个字符串。和其他语言不同,这里不需要在输入时规定接收数据的变量类型,相反可以非常便捷地使用类似 a=input()接收任意数据类型的数据对变量 a 进行赋值,无论是 int、float 还是列表等。

【语法格式】

```
input([message])
```

【说明】

参数 message(可省略)是输入的提示信息字符串,提示用户该输入什么样的数据。当 Python 语言程序运行到 input()函数时,将在屏幕上显示 message,然后程序将暂停并等待用户键盘输入数据,直到用户按 Enter 键表示输入结束,用户输入的内容会以字符串的形式存储,函数最后返回用户输入的字符串(不包括最后的回车符),系统继续执行 input()函数后面的语句。如:

```
a = input("请输入产品名称:")
```

系统会显示提示信息字符串"请输入产品名称:",然后等待用户输入。用户输入相应的内容并按 Enter 键,则输入数据将保存到变量 a 中。

【演示】 用 input()函数读取从键盘输入的数据。

```
>>> n = input('请输入成绩')          # 从键盘读取字符串 98,并且赋值给变量 n
    请输入成绩:98
>>> type(n)                         # 判断 n 的类型为字符串类型
    <class'str'>
```

前述在对变量进行赋值时,Python 语言根据所赋值判断存储数据的类型,但是 input()函数执行时,从键盘接收的数据均为字符串类型。如果希望得到的其他类型的输入数据,需要利用相应的转换函数完成。如果希望得到的数据为整数,需要用 int()函数将输入的字符串数据转换为整数;如果希望输入的数据为实数,需要用 float()函数将输入的字符串转换为浮点数。

【演示】 利用类型转换函数将 input()函数读取的键盘数据转换为相应数据。

```
>>> s = input("请输入产品名称:")                    # 从键盘读取字符串,赋值给变量
>>> 请输入产品名称:计算机
>>> s
    '计算机'
>>> n = int(input("请输入一个整数:"))               # 将从键盘读取的字符串转换为整数再赋值
>>> 请输入一个整数:105
>>> n
    105
>>> x = float(input("请输入一个实数:"))             # 将从键盘读取的字符串转换为浮点数再赋值
>>> 请输入一个实数:82.51
>>> x
    82.51
```

2. eval()函数

eval()是 Python 语言的内置函数,其作用是返回括号内字符串参数作为表达式运算后的结果值。

【语法格式】

```
eval(String)
```

【说明】

参数 String 是一个字符串。函数将字符串当成有效的表达式来求值,并返回计算结果。实质上它的工作是去掉字符串的定界符,将其解释为一个表达式。

eval()函数与 input()函数结合,可以将 input()函数从输入设备中获取的字符串转换为相应数据。

【例 2-3】 利用 eval()函数从键盘读取数据。

【参考代码】

```
# 读取单个数据
z = eval(input('请输入一个数字:'))       # 将从键盘接收的数字字符串转换为数值
print("z = ",z)

# 读取多个数据,注意输入数据必须与变量数个数一致,否则系统出错
# 单行输入数据
a,b,c = eval(input('请输入 3 个数字【数据之间用逗号分隔】:'))
print("a = ",a,",b = ",b,"c = ",c)
# 分行输入数据
x,y = eval(input('数字 x = ')),eval(input('数字 y = '))
print("x = ",x,",y = ",y)
```

程序执行结果:

```
请输入一个数字:16.5
z = 16.5
请输入 3 个数字【数据之间用逗号分隔】:1,2,3
a = 1 ,b = 2 c = 3
数字 x = 10
数字 y = 20
x = 10 ,y = 20
```

2.6.2 输 出

输出可以将程序的执行结果显示在输出设备上,供用户查看。标准输出设备就是显示器屏幕。Python 语言支持两种输出方式:表达式输出和 print()函数。

1. 表达式输出

在 Python 解释器命令行人机交互方式下,在提示符后写下表达式,按 Enter 键后可看到输出相应的结果。注意,此种方式只能用于人机交互界面,不能用于 Python 程序中,此时相当于"print(表达式)"。

【演示】 表达式输出方法。

```
>>> 'Python 语言' + '程序设计'              # 字符串表达式输出
    'Python 语言程序设计'
>>> 2002 + 20                              # 数字表达式输出
    2022
```

2. print()函数

print()函数是一个内置的打印输出函数,它并不是向打印机输出,而是向显示器输出信息。print()函数有多个参数,可以用来控制向屏幕的输出格式。**注意,在.py 程序运行的模式下,必须使用 print()函数才会有输出显示**。

【语法格式】

```
print(message1[,message2, …,messageN),sep = sepchr, end = endchr])
```

【说明】

message1,message2,…,messageN 表示输出项可以有多个。当输出多个对象时,需要用","(逗号)分隔。当函数输出多个字符串时,可以用 sep 参数指定不同输出项之间的分隔符为 sepchr,该参数的默认值为空格。若要将数据显示在不同的行,可将 sep 参数设置为转义字符"\n";若要以水平制表符来分隔各个输出项,可将 sep 参数设置为转义字符"\t"。sep 用来间隔多个对象。参数 end 用来设定输出所有输出项后以 endchr 结尾,endchr 的默认值是换行符"\n",即使用 print()函数输出数据后将会自动换行,如果不希望换行,可以将 end 参数 endchr 设置为空字符串。

【例 2-4】 用 print()函数连续打印输出。
【参考代码】

```
print("\t 春晓\n[唐]孟浩然")           # 注意,\t 和\n 只在引号内才起作用
print('～～～～～～～～～～～～～～～～～～～～～～～～～')    # 输出 25 个字符'～'
print 语句("春眠不觉晓,",end = '')      # 用空格作此行结束,下一条 print 语句在同行输出
print("处处闻啼鸟.")                   # 默认用换行符\n 控制换行输出
print("夜来风雨声,花落知多少?")
print('～～～～～～～～～～～～～～～～～～～～～～～～～')    # 输出 25 个字符'～'
print("www", "njust","edu","cn",sep = ".")   # 输出 4 个字符串,之间用"."分隔
```

程序执行结果:

```
    春晓
[唐]孟浩然
```

3. 字符串格式化输出

有时输出的信息需要设定格式,如学生成绩单或者会议通知书等,它们大部分由字符串组成,其中包含一些会改变的信息内容。所以,输出时需要一种简便的格式化字符串方式。在 Python 语言中,可以使用字符串格式化运算符"%"将输出项格式化,然后调用 print() 函数,按照一定格式来输出数据。

【语法格式】

```
print(format_str % (out1,out2,…,outN))
```

【说明】

格式字符串 format_str 由普通字符和格式说明符组成,其中普通字符按原样输出,格式说明符则用于指定对应输出项的输出格式。格式说明符以百分号(%)开头,后面跟格式字符,如表 2-16 所示。例如,"%d"表示十进制整数,"%s"表示字符串等。函数完成把各个输出项 out1,out2,…,outN 按格式要求转换为字符串进行输出。

表 2-16   常见格式字符

格 式 字 符	含　义
%s	输出字符串
%d	输出整数
%c	输出字符,若 num 为数值,则输出 chr(num)
%[width][.precision]f	输出浮点数,长度为 width(默认为 0),小数点后 precision 位(默认为 6)
%o	以无符号的八进制数格式输出
%x 或 %X	以无符号的十六进制数格式输出
%e 或 %E	以科学记数法格式输出

格式字符串 format_str 中有几个%,后面就需要有几个输出项,其顺序必须一一对应。如果不太确定用什么格式的字符,可以设定为%s,它可以把任意数据类型转换为字符串。Python 语言中输出默认右对齐。此外格式字符上还可以添加一些格式参数,进一步描述输出的格式,如表 2-17 所示。

表 2-17   常见格式参数

符号	作　用
m	定义输出的宽度,若变量值的输出宽度超过 m,则按实际宽度输出
—	在指定的宽度内输出值左对齐(默认为右对齐)
+	在输出的正数前面显示+号(默认为不输出+号)
#	在输出的八进制数前面添加 0o,在输出的十六进制数前面添加 0x 或 OX
0	在指定的宽度内输出值时,左边的空格位置以 0 填充(默认空格填充)
.n	对于浮点数,指输出时小数点后保留的位数(四舍五入);对于字符串,指输出字符串的前 n 位

表 2-17 中的 m 和 .n 格式参数常用于浮点数格式、科学记数法格式以及字符串格式的输出。对于前两种格式而言,%m.nf、%m.nx 或 %m.nX 指输出的总宽度为 m(可以省略),小数点后面保留 n 位(四舍五入,注意取整到最接近的偶数)。如果变量值的总宽度超出 m,则按实际输出。%m.ns 指输出字符串总宽度为 m,输出字符串的前 n 个字符,输出的字符前需填补 m-n 个空格。

如果输出项只有一项,则可以直接将输出项放在字符串格式化运算符"%"的位置。例如:

```
>>> print('My name is %s.'% 'LiMing')
```

在输出结果中,字符串"LiMing"替换了格式字符串中的格式说明符%s。

```
My name is LiMing.
```

如果有多个输出项,则需要注意用字符串格式化运算符%把多个输出项用加号连接并用一对小括号括起来,输出项之间使用英文逗号隔开。如:

```
>>> print(('%d + %d = %d')%(2,3,5))
    2 + 3 = 5
```

【演示】 用格式字符控制输出格式。

```
>>> print('My name is %s.'% 'LiMing')
>>> print('My score is %d.'% 90)
    My score is 90.
>>> print('%c'% 65)              # 返回 ASCII 码为十进制数 65 的字符'A'
    A
>>> print('%f'% 1.23456)        # 默认为 6 位小数
    1.234560
>>> print('%7.3f'% 1.23456)     # 指定浮点数占 7 位,小数占 3 位,小数点占 1 位,前面空 2 个空格
     1.235
>>> print('% - 7.3f'% 1.23456)  # 表示指定左对齐
    1.235
>>> print('% +4.3f'% 1.23456)   # " + "表示在数值前加上正负号,由于总位数大于 4,忽略限定
    +1.235
>>> print('%.2s'% ('南京长江大桥'))  # 参数值 .2 表示截取字符串前两个字符"南京"
    南京
>>> print('%5.3s'% ('Nanjing'))  # 5.3 表示输出总宽 5 个字符,输出 3 个字符,前面空 2 个字符
    Nan
>>> print('%o'% 10)             # 将十进制整数 10 转换为八进制输出
    12
>>> print('%04x'% 10)           # 将十进制整数 10 转换为十六进制输出,总位数为 4 位,0 表示用 0 位填充位
    000a
>>> print('%e'% 10)             # 将十进制整数 10 转换为科学记数法的形式输出
    1.000000e + 01
```

4. 函数控制格式

Python 语言还支持格式化字符串的函数 str.format() 对输出字符串进行格式化。该函数在形式上相当于通过{}来代替%,但功能更加强大。它通过传入参数对输出项进行格

式化,通过字符串中的花括号{}来识别替换格式,从而完成字符串的格式化。

【语法格式】

```
format_str.format(value1[,value2,…,valueN])
```

【说明】

格式字符串 format_str 由普通字符和格式说明符组成。普通字符按原样输出,格式说明符用于设置对应输出项的替换格式。程序运行时,格式字符串中的每个格式说明符将被 format()函数的相应替换参数 value1,value2,…,valueN 所替换。注意,替换参数 value1, value2,…,valueN 不能一起省略。格式说明符使用花括号括起来,形如{[[ordinal]: [formatchr]]},其中":"称为格式引导符,ordinal 为序号或键名,formatchr 为格式控制符。根据参数取值不同,format()函数的使用方法不同。

1) 通过位置填充字符串

若参数 ordinal 取值为空或十进制非负整数,格式控制符 formatchr 省略,即格式说明符采用"{}"或者"{十进制非负整数}"表示时,替换参数 value1,value2,…,valueN 按从左至右的替换顺序替换格式字符串中的格式说明符。

【演示】 format()函数格式化输出示例。

```
>>> "{} {}".format("hello","world")          # 不设置指定位置,按默认顺序
'hello world'
>>> "{0} {1}".format("hello","world")         # 设置指定位置
'hello world'
>>> "{1} {0} {1}".format("hello","world")      # 设置指定位置
'world hello world'
```

2) 使用格式设置项

当设置格式控制符 formatchr 时,可以在"{}"中":"之后设置<填充字符>、<对齐方式>、<宽度>等参数对字符串进行格式化输出,如表 2-18 所示。

表 2-18 format()方法中的格式控制符

设 置 项	可 选 值
<填充字符>	"*""="",""_"等,但只能是一个字符,默认为空格
<对齐方式>	^(居中)、<(左对齐)、>(右对齐)
<宽度>	一个整数,指格式化后整个字符串的字符个数

【演示】

```
>>> '{0:>10}'.format('计算机')            # 字符串占 10 位,右对齐输出
'       计算机'
>>> '{0:<10}'.format('计算机')            # 字符串占 10 位,左对齐输出
'计算机       '
>>> '{0:^10}'.format('计算机')            # 字符串占 10 位,居中对齐输出
'    计算机    '
>>> '{0: = ^10}'.format('计算机')          # " = "为填充符号
'=== 计算机 ==== '
>>>'{0:,.4f}'.format(123456789)          # ","为千分位格式,按 4 位小数输出
'123,456,789.0000'
```

3）设置关键字参数

format（）函数还可以用接收参数的方式对字符串进行格式化，它使用变量赋值形式传递关键字参数。参数位置可以不按显示顺序，参数也可以不用或者用多次。

【演示】

```
>>> "我住在{addr}已经有{YY}年了.".format(YY = 10,addr = "南京")
'我住在南京已经有 10 年了.'
```

本 章 小 结

Python 语言中有许多内置对象，例如数字、字符串、列表、字典、集合等，还有大量的内置函数。本章首先介绍了常用的 4 种数据类型：整型、浮点型、布尔型、字符串型，然后对 Python 语言程序中的命名规则、如何在程序中使用变量、常用的运算符及其表达式的运算规则，特别是运算涉及的类型转换等进行了详解，最后介绍了 Python 语言中数据的输入输出。

本 章 习 题

（1）变量名常用命名方法有哪些？举例说明。

（2）列出逻辑运算符，并简述它们的作用。

（3）写出"2＞3 and 8 !＝ 6 or 'a' in 'abc'"这个表达式的输出结果，并简述计算过程。

（4）编程：根据输入的数据，输出该数十位上的数字。

（5）编程：进制转换，输入十进制整数，输出该数的二进制数、八进制数和十六进制数。

第3章 组合数据类型

在 Python 语言编程中,既需要独立的变量来保存一份数据,也需要组合数据类型来保存大量数据。组合数据类型是指将多个数据有效组织起来并统一表示的数据类型。Python 语言中的组合数据类型可以分为序列类(字符串、列表、元组)、集合类(集合)、映射类(字典),其中字符串和元组是不可变序列,其余均是可变序列。不可变序列在内存中是不会改变的,如果对不可变序列做出改变,则会将该序列存储在新的地址空间中,而原来的序列将会被系统回收。可变序列发生改变时,是不会改变地址的,而是改变内存中的值,或者是扩展内存空间。

3.1　序列类——列表与元组

序列(sequence)是 Python 语言中常用组合数据类型。它是一块可存放多个数据的连续内存空间,通常这些数据按一定顺序排列,可以通过每个数据所在位置的编号(称为索引)进行访问。序列就好比是一家旅馆,旅馆中的每个房间就如同序列存储数据的一个个内存空间,每个房间所特有的房间号就相当于索引值。正如可以通过房间号找到这家旅馆中的每个房间,访问到房间内居住的旅客一样,也可以通过索引找到序列中的每个内存空间,获取其中存储的数据。第 2 章中学习过的字符串就是一种序列,可以直接通过索引访问字符串内的字符。

Python 语言中的序列支持几种通用的操作,包括索引、切片、相加、相乘、检查是否包含某个元素等。

3.1.1　序列的基本操作

1. 序列索引

如前所述,序列中的每个元素都有属于自己的编号,即索引。Python 语言支持正、负两种索引值标注索引的方式。正索引值是从起始元素开始,第一个索引值是 0,第二个索引值是 1,以此类推,直到最后一个元素,如图 3-1 所示。

元素1	元素2	元素3	…	元素n-1	元素n
0	1	2	…	n-2	n-1

索引(下标)

图 3-1　序列索引值示意图

此外,Python 语言还支持索引值是负数的方式。此类索引是从右向左计数,也就是说,从最后一个元素开始计数,倒数第一个元素的索引值是 -1,倒数第二个索引值是 -2,以此类推直到第一个元素,如图 3-2 所示。

图 3-2 序列负索引值示意图

无论是正索引值还是负索引值,都可以非常方便地用来访问序列中的每个元素。不过要注意,使用正值作为序列各元素的索引值时,是从 0 开始计数的,而使用负值作为序列索引值时,是从 -1 开始计数的。

【例 3-1】 以字符串类型的序列为例,访问序列的首尾元素。

【参考代码】

```
str = "Hello Python"          # 定义字符串
print(str[0], " = ", str[-12]) # 访问第一个元素
print(str[11], " = ", str[-1]) # 访问最后一个元素
```

程序执行结果:

```
H = H
n = n
```

2. 序列切片

利用索引操作可以访问序列中的一个元素,而通过切片操作可以一次性访问序列中的若干元素,生成一个新序列。

【语法格式】

```
seqname[start : end : step]
```

【说明】

完成序列的切片,其中各个参数的含义分别如下。

(1) seqname:表示序列的名称。

(2) start:表示切片开始的索引位置(包括该位置),此参数也可以不指定,会默认为 0,也就是从序列的开头进行切片。

(3) end:表示切片结束的索引位置(不包括该位置),如果不指定,则默认为序列的长度,即序列尾。

(4) step:当 step 大于 0 时,表示从左向右取字符;当 step 小于 0 时,表示从右向左取字符。step 的绝对值减 1,表示每次取字符的间隔数,即当 step 的值不为 1 时,在进行切片取序列元素时,会“跳跃式”地取元素。如果省略设置 step 的值,则最后一个冒号可以省略。

【演示】 对字符串"1234567890"进行切片。

```
>>> str = "1234567890"
>>> str[0:5]          # 取索引区间为 0~5(不包括索引值 5)的字符的字符串
    '12345'
>>> str[:5]           # 默认初始为 0,相当于 str[0:5]
    '12345'
```

```
>>> str[5:]          # 取索引区间从 5 开始,到字符串尾之间的字符串
    '67890'
>>> str[:]           # 输出整个字符串
    '1234567890'
>>> str[0:5:1]       # 在索引值为 0~5(不包括索引值 5)的字符中,正向取每个字符
    '12345'
>>> str[5:0:-1]      # 在索引值为 0~5(不包括索引值 0)的字符中,反向取每个字符
    '654321'
>>> str[0:5:-1]      # 在索引值为 0~5 的字符中,反向每 1 个字符取 1 个字符
    ''               # 因为索引值开始小于结束,无法反向取,所以输出为空
>>> str[::3]         # 在整个字符串中,正向每 3 个字符取第 1 个字符
    '1470'
>>> str[::-3]        # 在整个字符串中,反向每 3 个字符取第 1 个字符
    '0741'
>>> str[::-1]        # 在整个字符串中,反向取每个字符
    '0987654321'
```

这里通过 s[::-1]可以方便地求出指定序列的逆序排列。

【例 3-2】 利用切片方法,根据输入的 1~7 的整数值,输出对应的星期,其中 7 对应星期日。

【分析】

将所有星期缩写组成一个序列,计算数字对应星期缩写字符的位置,利用切片进行提取。

【参考代码】

```
week1 = "MonTueWesThuFriSatSun"
week2 = "星期一星期二星期三星期四星期五星期六星期日"
w = int(input("请输入 1~7 的整数:"))
weekday = (w-1) * 3
print(week1[weekday:weekday + 3],week2[weekday:weekday + 3])
```

程序执行结果:

```
请输入 1~7 的整数:7
Sun 星期日
```

3. 序列相加

Python 语言支持两个类型相同的序列使用"+"运算符实现两个序列的相加操作,它完成两个序列的拼接,若采用多个"+"可以连接多个字符串。

【演示】 采用"+"运算符连接字符串。

```
>>> classname = "Python 语言程序设计"       # 变量赋值
>>> print("课程名称:" + classname)          # 利用" + "运算符输出
    课程名称:Python 语言程序设计
```

4. 序列相乘

Python 语言还可以使用数字 n 与一个序列相乘获得一个新的序列,新序列的内容为原来序列元素被重复 n 次的结果。

【演示】 输出字符串 classname 重复 3 次后的结果。

```
>>> classname = 'Python 语言程序设计'          # 变量赋值
>>> print(classname * 3)
    Python 语言程序设计 Python 语言程序设计 Python 语言程序设计
```

5. 序列元素的查找

如果需要检查一个序列中是否包含某个元素,那么可以使用运算符 in 来实现。

【语法格式】

```
value in sequence
```

【说明】

value 表示要检查的元素,sequence 表示序列,根据查找结果返回 True 或者 False。

【演示】 为了检查字符串"Hello Python"中是否包含字符'e',可以执行如下代码:

```
>>> str = "Hello Python"
>>> print('e' in str)
    True
```

和 in 功能恰好相反的运算符是 not in,它用来检查某个元素是否不包含在指定的序列中,例如:

```
>>> str = "Hello Python"
>>> print('e' not in str)
    False
```

6. 序列内置函数

除了上述序列操作外,Python 语言提供了一些内置函数以支持更多的序列操作,如表 3-1 所示,其中包括计算序列长度以及获取序列中的最大或最小元素的方法等。

表 3-1　常用内置序列处理函数

函　　数	描　　述
sum()	求序列中所有值的和
max()	求序列中的最大值
min()	求序列中的最小值
len()	求序列的长度
str()	把序列格式转换为字符串
list()	把序列格式转换为列表
reversed()	把序列中的所有元素进行逆序
sorted()	把序列中的所有元素进行排序
enumerate()	把序列组合成一个索引序列,一般在 for 循环中

【例 3-3】 序列内置函数的运用。

【参考代码】

```
str = "Python"
print(len(str))              # len()返回序列长度 6
```

```
print(max(str))          # max()返回序列中最大的元素 y
print(min(str))          # min()返回序列中最小的元素 P
print(sorted(str))       # sorted()对序列中的元素进行排序,返回列表
```

程序执行结果:

```
6
y
P
['P', 'h', 'n', 'o', 't', 'y']
```

3.1.2 列表

列表(list)是一种常见的序列,它是一种有序的集合,可以随时添加或删除其中的元素。

1. 列表的创建

使用方括号创建一个列表,只要将用逗号分隔的不同数据项括起来即可。

【语法格式】

```
listname = [[value1][,value2][,value3]…]
```

【说明】

listname 为列表名,命名符合标识符规则。方括号中的每个数据项 value 都称为列表元素,元素之间用","进行分隔。元素的个数称为列表的长度。因为列表存储的是多个数据,通常 listname 采用复数形式。若列表表示单个对象的多类信息时,也考虑采用单数命名。当然也可以创建空列表。

【演示】 利用列表保存班里同学的姓名。

```
>>> classmates = [ ]                              # 创建一个空列表
>>> classmates
    [ ]
>>> classmates = ['LiMing', 'WangFang', 'QianWei']  # 创建一个包含3个元素的列表
>>> classmates
    ['LiMing', 'WangFang', 'QianWei']
```

这里变量 classmates 就代表了一个列表,其中的元素均是字符串。

另外,还可以使用 list()函数来创建列表,它可以将其他类型的数据转换为列表类型。

【演示】 list()函数创建列表。

```
>>> list()        # 创建一个空列表
    [ ]
>>> list("Python")    # 将字符串转换为列表
    ['P', 'y', 't', 'h', 'o', 'n']
```

事实上列表中的元素并不需要是相同的类型,可以是任意 Python 语言中的基本数据类型或者是自定义的数据类型。

【演示】 多种类型的列表元素。

```
>>> student = ['LiMing', '男', 20, 2022]
>>> student
    ['LiMing', '男', 20, 2022]
```

列表 student 中的元素包含了字符串和整数两种类型的数据,甚至可以在列表中嵌套另一个列表。

【演示】 列表嵌套。

```
>>> student1 = ['LiMing', '男', 20, 2022]
>>> student2 = ['WangFang', '女', 19, 2022]
>>> student = [student1, student2]
>>> student
    [['LiMing', '男', 20, 2022],['WangFang', '女', 19, 2022]]
```

2. 基本操作

列表作为一种序列,序列的所有特性、操作和内置函数对于列表都是成立的。同时列表还具有自身特殊的操作。

1)访问列表

列表中的每个元素都对应一个位置编号,这个位置编号称为元素的索引。列表也可以通过索引和切片来访问列表中的元素。

【语法格式】

```
listname[Index]
```

【说明】

listname 为列表名,符合标识符命名规则。Index 为索引值,若 Len 为列表长度,则 Index 的取值范围为 0~Len−1。注意,当 Index>Len−1 时,会出现下标越界错误,即下标超出了可表示的范围。

【演示】 列表的访问。

```
>>> classmates = ['LiMing', 'WangFang', 'QianWei', 'ZhaoQian']
>>> classmates[1]          # 通过索引读取第二个元素
    WangFang
>>> classmates[1:−1]       # 通过切片截取从第二个到倒数第一位(不包含该位)元素
    ['WangFang', 'QianWei']
```

嵌套列表即列表中含有多个子列表,列表的元素为子列表,可以通过多层索引来访问各列表中的元素,采用双中括号表示。

【语法格式】

```
listname[Index1][Index2]
```

【说明】

listname 为列表名,Index1 代表嵌套列表中的第 Index1 个子列表,Index2 代表第 Index1 个子列表中的第 Index2 个元素,Index1 和 Index2 均从 0 开始。

【演示】 嵌套列表元素的访问

```
>>> student = [['LiMing', '男', 20, 2022],['WangFang', '女', 19, 2022]]
>>> student[0]
    ['LiMing', '男', 20, 2022]
>>> student[1][0]
    'WangFang'
```

2）更新列表

和字符串不同的是，列表中的元素是可以随时修改的，因此还可以直接对列表的某一个元素赋值，完成更改列表元素的值。

【语法格式】

```
listname[Index] = Value
```

【说明】

listname 为列表名，Index 为索引值。Index 取值范围是 0～len−1。

【演示】 更新列表中单个元素的元素值。

```
>>> classmates = ['LiMing', 'WangFang', 'QianWei', 'ZhaoQian']
>>> classmates[1] = 'SunLiang'    ♯ 修改第二个元素
>>> classmates
    ['LiMing', 'SunLiang', 'QianWei', 'ZhaoQian']
```

除了给一个元素赋值外，Python 语言还支持通过切片语法给一组元素赋值，即将切片获取的一组字符串用新值替换。在进行这种操作时，如果不指定步长（step 参数），Python 语言就不要求新赋值的元素个数与原来的元素个数相同。这意味着该操作既可以向列表中添加元素，也可以删除列表中的元素。

【演示】 更新列表中多个元素的元素值。

```
>>> classmates = ['LiMing', 'WangFang', 'QianWei', 'ZhaoQian', 'ZhouWei', 'WuYue']
>>> classmates[1:4] = ['SunLiang', 'ZhaoLin']    ♯ 切片方式修改一组数据
>>> classmates
    ['LiMing', 'SunLiang', 'ZhaoLin', 'ZhouWei', 'WuYue']
```

如果对空切片赋值，就相当于插入一组新元素。

【演示】 插入元素值。

```
>>> classmates = ['LiMing', 'WangFang', 'QianWei', 'ZhaoQian']
>>> classmates[2:2] = ['SunLiang','ZhaoLin']    ♯ 在索引值为 2 的位置插入元素
>>> classmates
    ['LiMing', 'WangFang', 'SunLiang', 'ZhaoLin', 'QianWei', 'ZhaoQian']
```

注意，使用切片语法赋值时，Python 语言不支持赋单个值。

【演示】

```
>>> scores = [89, 90, 76, 87]
>>> scores[2:2] = [67, 75]
>>> scores
    [89, 90, 67, 75, 76, 87]
```

组合数据类型

```
>>> scores[2:2] = 82          # 赋单个值出错
    Traceback (most recent call last):
     File "<pyshell# 120>", line 1, in <module>
      scores[2:2] = 82
    TypeError: can only assign an iterable
```

但是若使用字符串赋值，Python 语言会自动把字符串转换为序列，其中的每个字符都是一个元素。

【演示】

```
>>> classmates = ['LiMing', 'WangFang', 'QianWei']
>>> classmates[2:2] = 'SunLiang'
>>> classmates
    ['LiMing', 'WangFang', 'S', 'u', 'n', 'L', 'i', 'a', 'n', 'g', 'QianWei']
```

使用切片语法时也可以通过 step 参数指定步长，但这时就要求所赋值的新元素个数与原有元素个数相同。

【演示】

```
>>> classmates = ['LiMing', 'WangFang', 'QianWei', 'ZhaoQian', 'ZhouWei', 'WuYue']
>>> classmates[1:6:2] = ['SunLiang', 'ZhengYue', 'FengYan']      # 为第 1,3,5 元素赋值
>>> classmates
    ['LiMing', 'SunLiang', 'QianWei', 'ZhengYue', 'ZhouWei', 'FengYan']
```

3）删除列表或列表元素

可以使用 del 语句来删除整个列表或列表中的指定元素。

【语法格式】

```
del listname[<Index>]
```

【说明】

删除列表中指定的元素，当 Index 省略时，表示删除整个列表。

【演示】 删除列表或列表元素。

```
>>> classmates = ['LiMing', 'WangFang', 'QianWei','ZhaoQian','ZhouWei','WuYue']
>>> classmates
    ['LiMing', 'WangFang', 'QianWei', 'ZhaoQian', 'ZhouWei', 'WuYue']
>>> del classmates[2]          # 删除索引值为 2 的第三个元素
>>> classmates
    ['LiMing', 'WangFang', 'ZhaoQian', 'ZhouWei', 'WuYue']
>>> del classmates             # 删除整个列表
>>> classmates
    Traceback (most recent call last):
     File "<pyshell#24>", line 1, in <module>
     classmates
    NameError: name 'classmates' is not defined. Did you mean: 'classmethod'?
```

注意，无论是对元素进行访问、赋值还是删除，都不能超过列表的索引范围，否则程序会出现 IndexError 异常。

4）列表运算

列表也可以应用序列中的相加、相乘、检查元素的功能。列表相加即列表组合，完成多个列表元素取出重组获取新列表的过程。列表相乘完成的是列表重复的过程。利用成员运算符 in 可以判断指定元素是否在列表中。

列表的主要运算有：

（1）加法。使用加号运算符可以实现列表的连接操作，操作结果生成一个新列表，其列表元素来源于原来的两个列表。

（2）乘法。用整数 n 乘以一个列表可以生成一个新列表，即原来列表的每个元素在新列表中重复 n 次。

（3）比较。使用关系运算符可以对两个列表进行比较。比较的规则如下：首先比较两个列表的第一个元素，如果这两个元素相等，则继续比较下面两个元素；如果这两个元素不相等，则返回这两个元素的比较结果；重复这个过程，直至出现不相等的元素或比较完所有元素为止。

（4）检查元素。使用 in 运算符可以判断一个值是否包含在列表中。

（5）遍历列表。通过 while 循环或 for 循环实现访问列表中的每个元素。

【演示】 列表运算示例。

```
>>> classmates1 = ['LiMing', 'WangFang', 'QianWei']
>>> classmates2 = ['ZhouWei', 'ZhaoQian', 'WuYue']
>>> classmates = classmates1 + classmates2      # 列表相加
>>> classmates
    ['LiMing', 'WangFang', 'QianWei', 'ZhouWei', 'ZhaoQian', 'WuYue']
>>> classmates1 * 2                             # 列表相乘
    ['LiMing', 'WangFang', 'QianWei', 'LiMing', 'WangFang', 'QianWei']
>>> 'ZhouWei' in classmates                     # 判断元素'ZhouWei'是否在列表 classmates 中
    True
>>> for c in classmates: print(c, end = " ")    # 遍历列表元素
    LiMing WangFang QianWei ZhouWei ZhaoQian WuYue
```

列表在进行乘法运算时，还可以实现初始化指定长度列表的功能。

【演示】 创建一个长度为 5 的空列表。

```
>>> emtylist = [None] * 5
>>> emtylist
    [None, None, None, None, None]
```

5）内置函数

序列内置函数均适用于列表类型，包括 len()、max()、min()、sorted() 等。

【演示】 内置函数 len()。

```
>>> len(['LiMing', 'WangFang', 'QianWei'])      # 返回列表长度
    3
```

同时，对列表还可以使用 sum() 内置函数获取所有元素之和。这在统计任务中非常常见。但是要注意，做求和操作的列表元素必须都是数字，也就是序列中的元素类型都必须是数字，而不能是字符或字符串型，否则该函数运行时将产生异常，因为解释器无法判定是要

做求和操作还是要做连接操作("+"运算符可以连接两个序列)。

【演示】 内置函数 sum()。

```
>>> scorelist = [90,89,92,93,78]
>>> sum(scorelist)              ♯ 返回列表所有元素和
    442
>>> classmates = ['LiMing', 'WangFang', 'QianWei']
>>> sum(classmates)            ♯ 字符串列表 sum()运行出错
    Traceback (most recent call last):
      File "<pyshell♯ 158>", line 1, in <module>
        sum(classmates)
    TypeError: unsupported operand type(s) for + : 'int' and 'str'
```

注意,内置函数还可用于后面介绍的元组、字典和集合类型,用法与此相同。

3. 列表方法

Python 语言为列表类型设计了丰富的方法,能够支持不同列表的各种功能。若有列表 listname,则其常用方法如表 3-2 所示。

表 3-2 列表的常用方法

方　　法	描　　述
listname. append(obj)	在列表 listname 末尾添加新的对象 obj
listname. extend(seq)	将另一个序列 seq 中的所有元素依次添加到 listname 的末尾
listname. insert(index,obj)	将对象 obj 插入列表 listname 的 index 索引位置上
listname. pop([index=−1])	删除列表 listname 中索引为 index 的元素,默认删除索引值为−1 的元素,即最后一个元素,并返回该元素值
listname. remove(obj)	移除列表 listname 中值为 obj 的第一个元素
listname. index(obj[,start[,end]])	从列表 listname 的指定范围(从 start 到 end)中,找出值为 obj 的第一个元素的位置
listname. count(obj)	统计 obj 在列表 listname 中出现的次数
listname. reverse()	将列表 listname 中的所有元素反向排序
listname. sort(key=None,reverse=False)	对列表 listname 中的元素按照 key 进行排序,reverse 指定是否为降序,默认为升序排列
listname. clear()	清空列表 listname
listname. copy()	复制列表 listname

1) append()方法

append()方法用于在列表的末尾追加新的元素。

【语法格式】

```
listname.append(Object)
```

【说明】

listname 为列表名,Object 可以是普通元素也可以是列表,无论其是哪种类型都将作为一个元素追加到列表中。

【例 3-4】 利用 append() 方法追加列表元素。

【参考代码】

```
cities = ['Beijing', 'Shanghai']          # 创建列表 cities
cities.append('Guangzhou')                # 追加一个字符串类型的元素
print(cities)
cities.append(['Suzhou', 'Hangzhou'])     # 追加列表,整个列表被当成一个元素
print(cities)
```

程序执行结果:

```
['Beijing', 'Shanghai', 'Guangzhou']
['Beijing', 'Shanghai', 'Guangzhou', ['Suzhou', 'Hangzhou']]
```

可以看到,当用 append() 方法传递列表时,此方法会将其视为一个整体,作为单个元素添加到列表中,从而形成嵌套列表。

2) extend() 方法

extend() 方法将另一个序列 seq 中的所有元素依次添加到列表 listname 的末尾。extend() 方法和 append() 方法一样都能够在列表末尾添加元素。

【语法格式】

```
listname.extend(seq)
```

【说明】

listname 为列表名,seq 可以是列表、字符串、元组等序列类型,但不能是单个数字。extend() 方法不会把参数视为一个整体,将其作为单个元素进行添加,而是把参数包含的所有元素逐个添加到列表中。

【例 3-5】 利用 extend() 方法添加列表元素。

【参考代码】

```
cities = ['Wuhan', 'Fuzhou']
cities.extend('Zhengzhou')        # 添加元素 Zhengzhou
print(cities)
others = ['Hefei', 'Jinan']
cities.extend(others)             # 添加列表,列表被拆分成多个元素
print(cities)
cities.extend("Xian")             # 添加字符串,字符串的每个字符均形成一个新元素
print(cities)
```

程序执行结果:

```
['Wuhan', 'Fuzhou', 'Z', 'h', 'e', 'n', 'g', 'z', 'h', 'o', 'u']
['Wuhan', 'Fuzhou', 'Z', 'h', 'e', 'n', 'g', 'z', 'h', 'o', 'u', 'Hefei', 'Jinan']
['Wuhan', 'Fuzhou', 'Z', 'h', 'e', 'n', 'g', 'z', 'h', 'o', 'u', 'Hefei', 'Jinan', 'X', 'i', 'a', 'n']
```

3) insert() 方法

append() 方法和 extend() 方法只能在列表末尾插入元素,有时候希望在列表中间某个位置插入元素,那么就可以使用 insert() 方法。

71

第 3 章

组合数据类型

【语法格式】

```
listname.insert(index,obj)
```

【说明】

listname 为列表名,参数 index 是列表的索引值,执行时在此处插入元素 obj,不覆盖原本的数据项,原数据项向后顺延。参数 obj 可以是元素也可以为列表。

当插入列表等容器对象时,insert()方法也是将其视为一个整体,作为单个元素插入列表中,这一点和 append()方法的应用是一样的。

【例 3-6】 利用 insert()方法添加列表元素。

【参考代码】

```
cities = ['Wuhan', 'Fuzhou']
cities.insert(1, 'Zhengzhou')            # 在索引值为 1 的位置插入元素
print(cities)
cities.insert(3, ['Hefei', 'Jinan'])     # 插入列表,整个列表被当成一个元素
print(cities)
# 在索引值为 0 的位置插入字符串,整个字符串被当成一个元素
cities.insert(0, 'Xian')
print(cities)
```

程序输出结果:

```
['Wuhan', 'Zhengzhou', 'Fuzhou']
['Wuhan', 'Zhengzhou', 'Fuzhou', ['Hefei', 'Jinan']]
['Xian', 'Wuhan', 'Zhengzhou', 'Fuzhou', ['Hefei', 'Jinan']]
```

insert()方法主要用来在列表的中间位置插入元素,如果仅仅需要在列表的末尾添加元素,建议使用 append()方法或 extend()方法,以免索引值的设置出错。

4) pop()方法

在前面已经学习过可以通过 del 语句来删除列表中的某个元素。除此之外,Python 语言还定义了多种内置函数来删除元素。

在列表中删除元素主要分为如下 3 种场景:

(1) 根据目标元素所在位置的索引进行删除,可以使用 del 语句或者 pop()方法;

(2) 根据元素本身的值进行删除,可使用 remove()方法;

(3) 将列表中所有元素全部删除,可使用 clear()方法。

【语法格式】

```
listname.pop([index = -1])
```

【说明】

参数 index 为列表索引值。与 del 语句的作用相似,pop()方法用来删除列表中指定位置 index 的元素,默认删除列表的最后一个元素,并返回删除的数据。这类似于数据结构中的"出栈"操作。注意,如果指定的参数 index 越界,则会出现 IndexError 错误。

【**例 3-7**】 利用 pop()方法删除指定列表元素。

【**参考代码**】

```
cities = ['Wuhan', 'Fuzhou', 'Zhengzhou', 'Hefei', 'Jinan', 'Xian']
print("原始列表:",cities)
cities.pop(3)  ♯ 删除索引值为 3 的第四个元素
print("删除第四个元素:",cities)
cities.pop()  ♯ 默认删除最后一个元素
print("删除最后一个元素:",cities)
```

程序执行结果:

```
原始列表:['Wuhan', 'Fuzhou', 'Zhengzhou', 'Hefei', 'Jinan', 'Xian']
删除第四个元素:['Wuhan', 'Fuzhou', 'Zhengzhou', 'Jinan', 'Xian']
删除最后一个元素:['Wuhan', 'Fuzhou', 'Zhengzhou', 'Jinan']
```

不少编程语言提供了和 pop()方法相应的 push()方法。该方法也可用来将元素添加到列表的尾部,这类似于数据结构中的"入栈"操作。但是 Python 语言是个例外,Python 语言并没有提供 push()方法,因为完全可以使用 append()来代替 push()的功能。

5) remove()方法

如果要根据元素本身的值来删除元素,那么可以使用 remove()方法。

【**语法格式**】

```
listname.remove(obj)
```

【**说明**】

参数 obj 为列表元素值。完成删除列表中的某个元素第一个匹配结果。注意,remove()方法只会删除第一个和指定值 obj 相同的元素。同时也要注意,必须保证该元素是存在的,否则会引发 ValueError 错误。

【**例 3-8**】 利用 remove()方法删除指定元素。

【**参考代码**】

```
cities = ['Wuhan', 'Fuzhou', 'Zhengzhou', 'Hefei', 'Jinan', 'Xian']
print("原始列表:", cities)
cities.remove('Zhengzhou')  ♯ 删除元素值为'Zhengzhou'的元素
print("删除'Zhengzhou'元素:", cities)
♯ 删除元素值为'Zhengzhou'的元素,因元素已删除,列表中不存在该元素,所以出错
cities.remove('Zhengzhou')
print("删除'Zhengzhou'元素:",cities)
```

程序执行结果:

```
原始列表:['Wuhan', 'Fuzhou', 'Zhengzhou', 'Hefei', 'Jinan', 'Xian']
删除'Zhengzhou'元素:['Wuhan', 'Fuzhou', 'Hefei', 'Jinan', 'Xian']
Traceback (most recent call last):
  File "D:\Python\3-8.py", line 11, in <module>
    cities.remove('Zhengzhou')
ValueError: list.remove(x): x not in list
```

组合数据类型

最后一次删除时,因为元素值为'Zhengzhou'的元素已删除,即该元素不存在,所以导致程序执行报错。因此在使用 remove() 删除指定元素时,需要确保元素存在。

6) index() 方法

Python 语言中列表提供了 index() 方法和 count() 方法,它们都可以用来查找元素。其中,index() 方法用来查找某个元素在列表中出现的位置,返回元素的索引值。

【语法格式】

```
listname.index(obj[, start][, end])
```

【说明】

参数中 obj 为查找对象即指定的列表元素。第二个参数 start 和第三个参数 end 指定查找范围,表示查找 start 和 end 位置之间的元素,返回该元素的索引值。如果只设置 start 而未设置 end,那么表示查找从 start 到列表末尾的元素;如果 start 和 end 均未设置,那么默认查找整个列表。注意,如果该元素不存在,则会出现 ValueError 异常。

【例 3-9】 利用 index() 方法查找列表元素。

【参考代码】

```
cities = ['Wuhan', 'Fuzhou', 'Zhengzhou', 'Hefei', 'Jinan', 'Xian']
print("原始列表:",cities)
print(cities.index('Zhengzhou'))            # 在列表中的所有元素中查找元素 'Zhengzhou'
print(cities.index('Zhengzhou', 1, 3))      # 在索引值为 1~3 的元素中查找元素 'Zhengzhou'
print(cities.index('Zhengzhou', 1))         # 在索引值 1 之后的元素中查找元素 'Zhengzhou'
print(cities.index('Nanjing'))              # 查找一个不存在的元素 'Nanjing'
```

程序执行结果:

```
原始列表:['Wuhan', 'Fuzhou', 'Zhengzhou', 'Hefei', 'Jinan', 'Xian']
2
2
2
Traceback (most recent call last):
  File "D:\Python\3-9.py", line 10, in <module>
    print(cities.index('Nanjing'))     # 查找一个不存在的元素 'Nanjing'
ValueError: 'Nanjing' is not in list
```

7) count() 方法

若不确定元素是否存在,则利用 index() 方法来查找指定元素会有出现异常的可能,因此在查找元素之前也可以使用 count() 方法判断某个元素在列表中出现的次数。

【语法格式】

```
listname.count(obj)
```

【说明】

参数 obj 为统计对象即指定的列表元素。该方法完成查看元素 obj 在列表中出现的次数。如果 count() 方法返回 0,则表示列表中不存在该元素。

【例 3-10】 利用 count()方法统计指定的列表元素。
【参考代码】

```
cities = ['Wuhan', 'Fuzhou', 'Zhengzhou', 'Hefei', 'Jinan', 'Zhengzhou', 'Xian']
print("'Zhengzhou'出现了%d次"%cities.count('Zhengzhou'))     # 统计元素出现的次数
# 判断一个元素是否存在
if cities.count('Nanjing'):
    print("列表中存在'Nanjing'")
else:
    print("列表中不存在'Nanjing'")
```

程序执行结果：

```
'Zhengzhou'出现了2次
列表中不存在'Nanjing'
```

8) reverse()方法

reverse()方法用于将列表中的所有元素反向排序。

【语法格式】

```
listname.reverse()
```

【说明】

该方法将对原列表的元素进行反向排序，操作在原列表上进行，不返回新的列表，即没有返回值。

【演示】 利用 reverse 方法对原列表进行反向排序。

```
>>> cities = ['Wuhan', 'Fuzhou', 'Zhengzhou', 'Hefei']
>>> cities.reverse()              # 列表反向
>>> print(cities)
    ['Hefei', 'Zhengzhou', 'Fuzhou', 'Wuhan']
```

9) sort()方法

sort()方法用于对列表进行排序。

【语法格式】

```
listname.sort([key = None][,reverse = False])
```

【说明】

使用该方法可以对列表 listname 进行排序，其中各个参数的含义与内置函数 sorted()相同。利用关键字 key 指定一个比较函数参数，实现自定义排序，默认为 None；关键字 reverse 用于指定排序规则参数，设置为 True 则按降序排序，默认为 False，表示按升序排序。使用该方法将会修改原列表。该方法没有返回值，若需要返回一个新的列表，需使用内置函数 sorted()。

【例 3-11】 利用 sort()方法对列表元素进行排序。
【参考代码】

```
cities = ['Wuhan', 'Fuzhou', 'Hefei', 'Jinan', 'Xian']
print("初始列表:", cities)
```

```
# 简单使用列表排序,默认为升序
cities.sort()
print("升序排列:", cities)
# 降序排序
cities.sort(reverse = True)
print("降序排列:", cities)
# 通过设置 key 参数来指定比较规则
def takeSecond(elem):            # 定义比较函数
    return elem[1]               # 返回列表索引值为 1 的元素
cities = [['Nanjing',4],['Beijing',1],['Guangzhou',3],['Shanghai',2]]
print("\n 待排序列表:\n", cities)
cities.sort(key = takeSecond)    # 指定按照第二个元素的大小进行排序
print ('根据 ID 大小排序列表:\n', cities)
```

程序执行结果:

```
初始列表: ['Wuhan', 'Fuzhou', 'Hefei', 'Jinan', 'Xian']
升序排列: ['Fuzhou', 'Hefei', 'Jinan', 'Wuhan', 'Xian']
降序排列: ['Xian', 'Wuhan', 'Jinan', 'Hefei', 'Fuzhou']
待排序列表:
[['Nanjing', 4], ['Beijing', 1], ['Guangzhou', 3], ['Shanghai', 2]]
根据 ID 大小排序列表:
[['Beijing', 1], ['Shanghai', 2], ['Guangzhou', 3], ['Nanjing', 4]]
```

10) clear()方法

clear()方法用来删除列表中的所有元素。

【语法格式】

```
listname.clear()
```

【说明】

与 del listname[:]相当,即清空列表。

【演示】 清空列表。

```
>>> cities = ['Wuhan', 'Fuzhou', 'Zhengzhou', 'Hefei']
>>> cities.clear()      # 清空列表
>>> print(cities)
    []
```

11) copy()方法

copy()方法用于复制列表,类似于 list[:]操作。

【语法格式】

```
listname.copy()
```

【说明】

该方法用于复制列表 listname,返回列表的一个副本,即复制后的新列表。

【例 3-12】 利用 copy()方法对列表进行复制。

【参考代码】

```
cities1 = ['Wuhan', 'Fuzhou', 'Hefei', 'Jinan', 'Xian']
print("初始列表 cities1:", cities1)
cities2 = cities1.copy()        # 复制列表 cities1
print("复制列表 cities2:",cities2)
print("更新列表 cities2 中最后一个元素: ")
cities2[-1] = 'Nanjing'         # 更新列表 cities 中索引值为-1的元素值
print("cities1: ",cities1)
print("cities2: ",cities2)
```

程序执行结果:

```
初始列表 cities1: ['Wuhan', 'Fuzhou', 'Hefei', 'Jinan', 'Xian']
复制列表 cities2: ['Wuhan', 'Fuzhou', 'Hefei', 'Jinan', 'Xian']
更新列表 cities2 中最后一个元素:
cities1: ['Wuhan', 'Fuzhou', 'Hefei', 'Jinan', 'Xian']
cities2: ['Wuhan', 'Fuzhou', 'Hefei', 'Jinan', 'Nanjing']
```

可见,新列表后续的赋值更新将不会影响原列表。

3.1.3 元组

元组(tuple)和列表类似,也是 Python 语言中一个重要的序列类型。元组由一系列按特定顺序排序的元素组成。不过,元组和列表的不同之处在于:列表的元素是可以更改的,包括插入、删除和更新元素,所以列表是可变序列;而元组一旦被创建,它的元素就不可更改了,所以元组是不可变序列。因此,通常用元组来保存无须修改的数据序列。

1. 元组的创建

【语法格式】

```
(element1, element2,…, elementn)
```

【说明】

element1~elementn 表示元组中的各个元素。从形式上看,元组的所有元素都放在一对小括号"()"中,相邻元素之间用逗号","分隔。从存储内容上看,和列表一样,元组可以存储整型、实型、字符串型、列表、元组等任何类型的数据,并且一个元组中各个元素的类型可以不同。

【演示】 创建元组。

```
>>> ('Michael', 'Bob', 2022, 2000, ('a', 'b'))
```

可以看出,这个元组中的元素有字符串型和整型等,类型并不统一。

创建列表的方式有使用"[ ]"直接创建和使用内置函数 list()创建两种方式。类似地,创建元组的方式也有使用"()"直接创建和使用内置函数 tuple()创建两种。不过 tuple()内置函数只接收可以转换为元组的数据,包括字符串、列表等。

【例 3-13】 创建元组的合法方式。

【参考代码】

```
tuple1 = ('SQL', 'Ruby', 'Java', 'Go', 'C++')        # 使用"()"直接创建
tuple2 = tuple(['SQL', 'Ruby', 'Java', 'Go', 'C++'])  # 将列表转换为元组
tuple3 = tuple("hello")                               # 将字符串转换为元组
tuple4 = tuple(range(1, 6))                           # 将区间转换为元组
print("tuple1: ",tuple1)
print("tuple2: ",tuple2)
print("tuple3: ",tuple3)
print("tuple4: ",tuple4)
```

程序执行结果：

```
tuple1: ('SQL', 'Ruby', 'Java', 'Go', 'C++')
tuple2: ('SQL', 'Ruby', 'Java', 'Go', 'C++')
tuple3: ('h', 'e', 'l', 'l', 'o')
tuple4: (1, 2, 3, 4, 5)
```

注意，当创建的元组中只有一个元素时，该元素后面必须添加一个逗号，否则 Python 语言解释器会将括号当作算术运算符使用。

【例 3-14】 创建元组中的括号。

【参考代码】

```
a = ("hello", )          # 最后加上逗号
print(type(a))
print(a)
b = ("hello")            # 最后不加逗号
print(type(b))
print(b)
```

程序执行结果：

```
< class 'tuple'>
('hello',)
< class 'str'>
hello
```

有时候在将数据打包成元组时还可以省略小括号。

【演示】 元组打包。

```
>>> something = 'Bob', 2022, ('a', 'b')
>>> type(something)
    < class 'tuple'>
```

上例中值'Bob'、2022 和('a'，'b')一起被打包进元组。对此的逆操作也可以。

【演示】 若有上述打包过程，则可进行序列解包。

```
>>> s, i, t = something
>>> s
    'Bob'
>>> i
```

```
    2022
>>> t
    ('a', 'b')
```

序列解包适用于左侧变量与右侧序列元素数量相等的情况。所以，多重赋值其实只是元组打包和序列解包的组合。

2. 基本操作

序列的所有基本操作和内置函数对于元组几乎都是成立的。例如，和列表一样，可以使用索引访问元组中的某个元素，也可以使用切片访问元组中的若干元素。

【例 3-15】 元组的基本操作。

【参考代码】

```
hi = tuple("Hello Python")
# 使用索引访问元组中的某个元素
print(hi[3])                        # 使用正数索引
print(hi[-4])                       # 使用负数索引
# 使用切片访问元组中的一组元素
print(hi[2:5])                      # 使用正数切片
print(hi[-6: -1])                   # 使用负数切片
print(hi[1: 8: 3])                  # 指定步长
```

程序执行结果：

```
l
t
('l', 'l', 'o')
('P', 'y', 't', 'h', 'o')
('e', 'o', 'y')
```

但是，元组是不可变序列，元组中的元素不能被修改。所以元组的元素只能出现在赋值号的右边，而不能出现在赋值号的左边。在某些操作中，只能创建一个新的元组去替代旧的元组，而非原地更新元组中元素的值。

【例 3-16】 元组重新赋值。

【参考代码】

```
languages = ('Go', 'C++')
languages = ('Python', 'Ruby', 'C')        # 对元组进行重新赋值
print(languages)
new = ('Go', 'C++')
print(languages + new)
print(new * 3)
print(languages)
print(new)
```

程序执行结果：

```
('Python', 'Ruby', 'C')
('Python', 'Ruby', 'C', 'Go', 'C++')
('Go', 'C++', 'Go', 'C++', 'Go', 'C++')
```

组合数据类型

```
('Python', 'Ruby', 'C')
('Go', 'C++')
```

可以看出,使用元组的相加和相乘操作以后,参与运算的元组内容没有发生改变,这说明运算结果返回的是一个新元组。

3. 相关方法

由于元组不可修改,因此列表方法中修改原对象的方法均不能应用于元组,例如 append()方法、insert()方法、remove()方法等。del()方法也不能用来删除元组中的某个元素,只能删除整个元组。但有些列表方法对于元组也是适用的,例如 index()方法和 count()方法。

【演示】 元组的常用方法。

```
>>> tup = tuple("abandon")
>>> tup
    ('a', 'b', 'a', 'n', 'd', 'o', 'n')
>>> tup.index('n')
    3
>>> tup.count('a')
    2
```

3.2   映射类——字典

列表和元组都是有序的序列,它们的元素在内存中是连续存放的。相对应地,Python 语言还有一种组合类型字典(dict),它是一种无序的、可变的数据集合,每个元素以"键值对"(key-value)的形式在内存中进行存储。

字典类型也是 Python 语言中唯一的映射类型。"映射"是数学中的术语,简单理解,就是元素之间存在相互对应的关系,即通过一个元素可以唯一地找到另一个元素,正如学生的学号可以唯一地对应一个学生名字。字典中,习惯将各元素对应的索引称为键(key),各个键对应的元素称为值(value),键及其关联的值即为"键值对"。字典类型很像一本字典,通过字典中的索引表可以快速找到想要查找的汉字,其中索引表就相当于字典类型中的键,而索引表对应的汉字则相当于键对应的值。

字典和列表、元组等序列相比,有其独特的特点:

(1) 字典通过键而不是通过索引来读取元素;

(2) 列表和元组按照索引值大小存储各个元素,而字典中的元素是无序的。

3.2.1   字典的创建

在形式上,字典的每个键值对用冒号分隔,键值对之间用逗号分隔,整个字典包含在大括号中。

【语法格式】

```
{key1: value1, key2: value2, …, keyN: valueN}
```

【说明】

key1:value1～keyN:valueN 表示各个元素的键值对。需要注意的是,同一字典中的各个键必须唯一,不能重复。同时,字典的键必须是不可变的,所以只能使用数字、字符串或者元组等不可变类型,不能使用列表。字典的值可以是 Python 语言支持的任意数据类型。并且,字典和列表、元组一样可以任意嵌套。

创建字典也有多种方式,下面将一一加以介绍。

1. 使用"{}"创建字典

最常见的创建字典的方法是直接使用大括号"{}",这也是最基本的方法。在创建字典时,键和值之间使用冒号":"分隔,相邻元素之间使用逗号","分隔,所有元素放在大括号"{}"中。因为字典是可变对象,所以开始创建时并不用将所有数据都填充进去,可以先创建一个空字典,待有数据时再更新字典。

【例 3-17】 创建字典。

【参考代码】

```
emptyDict = {}                                    # 使用大括号来创建空字典
scores = {'数学': 95, '英语': 92, '语文': 84}      # 创建包含 3 组键值对的字典
print(scores)                                     # 输出字典
print("Length:", len(scores))                     # 用 len()内置函数查看字典元素的数量
print(type(scores))                               # 用 type()内置函数查看变量
```

程序执行结果:

```
{'数学': 95, '英语': 92, '语文': 84}
Length: 3
<class 'dict'>
```

2. 使用 dict()函数创建字典

如果已有键值数据可以使用内置函数 dict()直接通过列表创建字典。通过 dict()函数创建字典有多种写法。

【演示】 使用 dict()函数创建字典。

```
>>> scores = dict(数学 = 95,英语 = 92,语文 = 84)          # 注意,字符串作为键时不能写引号
>>> scores = dict([('数学',95),('英语',92),('语文',84)]) # 列表和元组混合使用
>>> scores = dict(([('数学',95],['英语',92],['语文',84])) # 列表和元组混合使用
>>> scores = dict([['数学',95],['英语',92],['语文',84]]) # 使用嵌套列表
>>> scores = dict((('数学',95),('英语',92),('语文',84))) # 使用嵌套元组
>>> scores
    {'数学': 95, '英语': 92, '语文': 84}
```

上述语句均等价地创建了一个字典 scores：{'数学'：95，'英语'：92，'语文'：84}。

如果 dict()函数没有任何参数,则代表创建一个空字典。

```
>>> scores = dict()     # 不带参数表示生成一个空字典
>>> scores
    { }
```

3. 使用 fromkeys() 方法创建字典

Python 语言为字典类型提供了 fromkeys() 内置方法创建带有默认值的字典。

【语法格式】

```
dict.fromkeys(seq[, value = None])
```

【说明】

seq 参数表示字典中所有键的序列，value 参数表示创建字典中各元素的初始值，默认为空值 None。该方法返回一个新字典。

【例 3-18】 采用 fromkeys() 方法创建字典。

【参考代码】

```
classes = ['语文', '数学', '英语']
scores = dict.fromkeys(classes)          # 省略，默认值为 None
print(scores)
scores = dict.fromkeys(classes, 60)      # 指定默认值为 60
print(scores)
```

程序执行结果：

```
{'语文': None, '数学': None, '英语': None}
{'语文': 60, '数学': 60, '英语': 60}
```

可以看到，classes 列表中的元素全部作为 scores 字典的键，而各个键对应的值都是指定的默认值。这种创建方式通常用于初始化字典，设置各个键对应的初始值。

3.2.2 基本操作

字典的基本操作与列表和元组的操作略有不同之处。

1. 访问字典

1）通过键访问字典

列表和元组是通过下标来访问元素的，而字典则通过键来访问键的对应值。因为字典中的元素是无序的，每个元素的位置都不固定，所以字典也不能像列表和元组那样采用切片的方式一次性访问多个元素。

【语法格式】

```
dictname[obj]
```

【说明】

dictname 为字典名，参数 obj 为键。注意，键必须是存在的，否则访问会发生异常。

【演示】 通过键访问字典。

```
>>> scores = dict(数学 = 95,英语 = 92,语文 = 84)    # 注意,字符串作为键时不能写引号
>>> print(scores['数学'])                            # 键存在
    95
>>> print(scores['物理'])                            # 键不存在
```

```
Traceback (most recent call last):
 File "< pyshell # 164>", line 1, in < module>
    print(scores['物理'])
KeyError: '物理'
```

如果字典中键的值本身也是字典,则可以使用多个键来访问字典元素。

```
>>> person = {'birthday':{"year":2000,"month":3,"day":23}}
>>> person["birthday"]["day"]
    23
```

2) 通过 get()方法访问字典

除了上面这种方式外,Python 语言更推荐使用字典类型提供的 get()方法来获取指定键的对应值。与上面方法不同的是,当指定的键不存在时,get()方法不会发生异常。

【语法格式】

```
dictname.get(key[, default = None])
```

【说明】

dictname 表示字典变量名,key 表示指定的键,default 用于指定要查询的键不存在时的返回信息,默认为 None。

【演示】 通过 get()方法访问字典。

```
>>> scores = {'数学':95,'英语':92,'语文':84}
>>> print(scores.get('数学'))                          # 键存在
    95
>>> print(scores.get('物理'))                          # 键不存在,返回默认值 None
    None
>>> print(scores.get('物理','该键不存在'))              # 键不存在,返回提示信息
    该键不存在
```

和 get()方法相类似的还有一个 setdefault()方法,两者唯一的区别是：如果键不存在于字典中,setdefault()方法将会添加键并将值设为 default 参数指定的值(默认为 None)。

【例 3-19】 setdefault()方法的使用。

【参考代码】

```
scores = {'数学': 95,'英语': 92,'语文': 84}
print("初始字典:",scores)
scores.setdefault('数学')        # 键存在
scores.setdefault('物理')        # 键不存在,设置'物理'值为 None
scores.setdefault('化学',60)     # 键不存在,设置值为 60
print("新字典:",scores)
```

程序执行结果：

```
初始字典:{'数学': 95, '英语': 92, '语文': 84}
新字典:{'数学': 95, '英语': 92, '语文': 84, '物理': None, '化学': 60}
```

2. 更新字典

添加和更新字典元素都可以通过赋值语句来实现，即直接通过键来设置值。

【语法格式】

```
dictname[obj] = value
```

【说明】

dictname 表示字典变量名，如果字典未包含指定的键 obj，则在字典中增加一个新元素，其键为 obj 值为 value；如果指定的键 obj 已经存在于字典中，则将键 obj 对应的值更新为新值 value。

【演示】 通过键添加和更新字典元素。

```
>>> scores = dict(数学 = 95,英语 = 92,语文 = 84)
>>> scores['物理'] = 88        # 添加新键"物理",其值为 88
>>> scores
    {'数学': 95, '英语': 92, '语文': 84, '物理': 88}
```

不过 Python 语言不允许同一个键出现两次。所以如果同一个键被赋值两次，后值将覆盖前值。

【演示】 多次赋值同一个键。

```
>>> scores = dict(数学 = 95,英语 = 92,语文 = 84)
>>> scores['英语'] = 88    # 相当于重新赋值
>>> scores
    {'数学': 95, '英语': 88, '语文': 84}
```

3. 删除字典

和列表一样，删除字典使用 del 关键字，既可以删除整个字典，也可以仅删除字典中的某一键值对。

【演示】 字典的删除。

```
>>> scores = dict(数学 = 95,英语 = 92,语文 = 84)
>>> del scores['数学']
>>> scores
    {'英语': 92, '语文': 84}
>>> del scores
>>> scores
    Traceback (most recent call last):
     File "< pyshell# 191>", line 1, in < module >
        scores
    NameError: name 'scores' is not defined
```

4. 键的检测

因为字典中的每个元素由键及其对应值组成，所以对字典元素操作之前，可以使用运算符 in 检测该键是否存在于字典中，如果存在则返回 True，否则返回 False。而运算符 not in 刚好相反，如果键在字典中则返回 False，否则返回 True。

【演示】 检测字典中的键。

```
>>> scores = dict(数学 = 95,英语 = 92,语文 = 84)
>>> '英语' in scores
    True
>>> '物理' not in scores
    True
```

5. 内置函数

字典的内置函数主要针对字典的键进行操作。例如,可以对字典执行内置函数 list(),返回该字典中所有键的列表,也可以使用 len()、max()、min()、sum()、sorted()等内置函数对字典中的键计算规模、最大值、最小值、总和以及对键进行排序。

【演示】 字典内置函数的使用。

```
>>> students = {2: '张悦', 3: '李明', 1: '王琳'}
>>> list(students)
    [2, 3, 1]
>>> len(students)
    3
>>> max(students)
    3
>>> min(students)
    1
>>> sum(students)
    6
>>> sorted(students)
    [1, 2, 3]
```

3.2.3 相关方法

作为 Python 语言最重要的类型之一,字典拥有诸多内置方法。若 dict 为字典名,则常用方法如表 3-3 所示。

表 3-3 字典的常用方法

方　　法	描　　述
dict. get(key,default＝None)	返回字典 dict 指定键 key 的值。如果键不在字典中则返回 default 参数值,默认为 None
dict. setdefault(key,default＝None)	和 get()类似,但如果键 key 不在字典中,将会添加键并将对应值设为 default
dict. items()	返回字典 dict 的所有键值对组成的对象
dict. keys()	返回字典 dict 的所有键组成的对象
dict. values()	返回字典 dict 的所有值组成的对象
dict1. update(dict2)	把字典 dict2 的键值对更新到字典 dict1 里
dict. pop(key[,default])	删除并返回字典 dict 中键 key 所对应的值,如果不存在键则返回 default 值
dict. popitem()	随机删除并返回字典 dict 中的一组键值对
dict. clear()	清空字典
dict. copy()	复制字典

前面已经介绍过 get()方法和 setdefault()方法,而 clear()方法和 copy()方法的使用与列表一致。接下来介绍其余内置方法的使用。

1. items()、keys()和 values()方法

这三种方法用来获取字典中的特定数据,分别返回键值对、键和值组成的对象。dict.items()方法用于获取包含字典 dict 中所有(键,值)元组的列表;dict.keys()方法用于获取包含字典 dict 中所有键的列表;dict.values()方法用于获取包含字典 dict 中所有值的列表。

【例 3-20】 获取字典中的特定数据。

【参考代码】

```
scores = {'数学': 95, '语文': 89, '英语': 90}
print(scores.items())            # 获取字典中的键值对
print(scores.keys())             # 获取字典中的键
print(scores.values())           # 获取字典中的值
```

程序执行结果:

```
dict.items([('数学', 95), ('语文', 89), ('英语', 90)])
dict.keys(['数学', '语文', '英语'])
dict.values([95, 89, 90])
```

可以发现,方法 items()、keys()和 values()返回值的类型分别为 dict_items、dict_keys 和 dict_values。这些类型并不是常见的列表或者元组类型,因为 Python 语言不希望用户直接操作这几种方法的返回值。

如果想使用这三种内置方法返回的对象,一般有如下两种方案:

(1) 使用 list()函数将返回的数据转换为列表;

(2) 使用 for in 循环遍历它们的返回值。

【例 3-21】 获取字典的键和值。

【参考代码】

```
scores = {'数学': 95, '语文': 89, '英语': 90}      # 创建字典
classes = list(scores.keys())                    # 类型转换为列表
print(classes)
for v in scores.values():                        # 遍历值
    print(v, end = '')
print("\n" + '-' * 25)
for k,v in scores.items():                        # 遍历键值对
    print("key:", k, " value:", v)
```

程序执行结果:

```
['数学', '语文', '英语']
95 89 90
-------------------------
key: 数学 value: 95
key: 语文 value: 89
key: 英语 value: 90
```

2. update()方法

update()方法可以使用另一个字典所包含的键值对来更新现有的字典。在执行 update() 方法时,如果被更新的字典中已包含对应的键值对,那么原 value 值会被覆盖;如果被更新的字典中不包含对应的键值对,则在原字典中添加该键值对。

【例 3-22】 更新现有的字典。

【参考代码】

```
scores = {'数学': 95, '语文': 89, '英语': 90}
scores.update({'语文': 83, '物理': 93, '化学': 92})
print(scores)
```

程序执行结果:

```
{'数学': 95, '语文': 83, '英语': 90, '物理': 93, '化学': 92}
```

从执行结果可以看出,由于被更新的字典中已包含键为"语文"的键值对,因此更新时该键值对的值将被改写;而被更新的字典中不包含键为"物理"和"化学"的键值对,所以更新时会在原字典中增加这两个键值对。

3. pop()和 popitem()方法

pop()和 popitem()方法都用来删除指定字典中的键值对,不同的是,pop()方法用来删除指定的键值对,而 popitem()方法用来随机删除一个键值对。

【例 3-23】 删除字典中的键值对。

【参考代码】

```
scores = {'数学': 95, '语文': 89, '英语': 90, '化学': 83, '生物': 98, '物理': 89}
print(scores)
print(scores.pop('化学'))        ♯ 删除并返回键对应的值 83
print(scores)
print(scores.popitem())          ♯ 删除并返回一个随机的键值对
print(scores)
```

程序执行结果:

```
{'数学': 95, '语文': 89, '英语': 90, '化学': 83, '生物': 98, '物理': 89}
83
{'数学': 95, '语文': 89, '英语': 90, '生物': 98, '物理': 89}
('物理', 89)
{'数学': 95, '语文': 89, '英语': 90, '生物': 98}
```

其实,popitem()方法并非随机删除一个键值对,虽然字典是无序的,但键值对在内存中的存储也是有顺序的,popitem()方法总是弹出内存中的最后一个键值对,这和列表的 pop() 方法类似,都实现了数据结构中"出栈"的操作。

3.3　集合类——集合

Python 语言中的集合(set)和数学中的集合概念一样,用来保存多个不重复的元素,即集合中的元素都是唯一的,互不相同。集合相当于一个无序的无重复元素序列。

集合分为可变集合和不可变集合。与列表和元组等有序序列不同,集合并不记录元素的位置,因此对集合不能进行索引和切片等操作。不过,用于序列的一些操作和函数也能够用于集合。此外集合还可以进行交集、并集、差集等集合运算。

3.3.1 集合的创建

使用大括号创建一个集合,只要将用逗号分隔的不同数据项括起来即可。

【语法格式】

```
{element1, element2, …, elementN}
```

【说明】

element1~elementN 表示集合中的元素,元素的个数没有限制。

从形式上看,集合和字典类似,它将所有元素放在一对大括号"{}"中,相邻元素间用","分隔。

从内容上看,同一集合中可以存储不可变的数据类型,包括整型、浮点型、字符串型、元组等,但无法存储列表、字典、集合等这些可变的数据类型,否则 Python 语言解释器会报错。例如,{[1,2,3]}、{{'a':1}}、{{1,2,3}}会抛出 TypeError 异常。集合中的数据必须保证唯一。

Python 语言同样提供了两种创建集合的方法,分别是使用"{}"直接创建和使用 set()内置函数将列表、元组等类型数据转换为集合。

【例 3-24】 使用"{}"创建集合。

【参考代码】

```
basket = {'apple', 'orange', 'apple', 'pear', 'orange', 'banana'}
print(basket)
set1 = set("apple")              ＃ 将字符串类型转换为集合
set2 = set([1, 2, 3, 2, 1])      ＃ 将列表类型转换为集合
set3 = set((1, 2, 3, 2, 1))      ＃ 将元组类型转换为集合
print("set1:",set1)
print("set2:",set2)
print("set3:",set3)
```

程序执行结果:

```
{'pear', 'orange', 'banana', 'apple'}
set1: {'l', 'a', 'p', 'e'}
set2: {1, 2, 3}
set3: {1, 2, 3}
```

可见创建出的集合内元素是无序且非重复的。注意,创建一个空集合只能用 set()而不是"{}",因为"{}"是用来创建一个空字典而非空集合。

【演示】 集合输出。

```
>>> {1,2,1,(1,2,3),'c','c'}
    {1, 2, 'c', (1, 2, 3)}
```

由于集合是无序的，因此每次输出时元素的排序顺序可能都不相同。

3.3.2 基本操作

在 Python 语言中，不仅支持集合元素的访问、更新和删除，还支持一些运算。

1. 访问集合

由于集合中的元素是无序的，因此无法像列表那样使用索引访问元素。Python 语言中，访问集合元素最常用的方法是使用循环结构，将集合中的数据逐一读取出来。

【例 3-25】 访问集合。

【参考代码】

```
basket = {'apple', 'orange', 'apple', 'pear', 'orange', 'banana'}
for fruit in basket:
    print(fruit, end = ' ')
```

程序执行结果：

```
apple orange banana pear
```

由于目前尚未学习循环结构，以上代码只需关注结果。

2. 更新集合

由于集合中的元素无法通过索引值或者键来访问，因此无法指定某个元素进行重新赋值。更新集合的方式只能是添加新元素和删除特定值的元素。当需要向一个集合中添加元素时，可以使用 Python 语言为集合类型内置的 add() 方法和 update() 方法。add() 方法接收一个参数，并将该参数值作为新元素添加到集合中。而 update() 方法接收的参数可以有多个，用逗号隔开。各参数可以是集合、列表、元组或字典等。执行方法可将其中包含的所有元素分别添加到集合中（字典类型参数则将字典的键加入集合中）。以上过程中，如果要添加的元素已存在则不进行任何操作。

【例 3-26】 更新集合。

【参考代码】

```
basket = {'apple', 'orange'}
basket.add('banana')                    # 添加新元素'banana'
print(basket)
basket.update({'orange', 'pear'})       # 添加新元素'orange'和'pear',其中'orange'已存在
print(basket)
# 添加三个新元素
basket.update(['lemon', 'coconut'], {'cherry': 'meaningless'})
print(basket)
```

程序执行结果：

```
{'banana', 'apple', 'orange'}
{'apple', 'orange', 'pear', 'banana'}
{'coconut', 'apple', 'orange', 'lemon', 'cherry', 'pear', 'banana'}
```

3. 删除集合

当需要删除集合中的一个元素时，可以通过内置方法 remove() 和 discard() 来实现，它

组合数据类型

们均接收一个参数来指定想要删除的元素值,两者的区别在于:如果被删除的元素不存在,则 remove()方法执行时则会发生错误,而 discard()方法则不会。

【演示】 删除集合中的元素。

```
>>> basket = set(('orange', 'pear', 'apple', 'banana'))        # 创建集合
>>> basket.remove("apple")                                     # 删除"apple"元素
>>> basket
    {'pear', 'orange', 'banana'}
>>> basket.remove("lemon")                                     # 被删除元素不存在,产生错误
    KeyError: 'lemon'
>>> basket.discard("lemon")    # 对于 discard()方法,被删除元素不存在,执行不产生错误
>>> basket
    {'pear', 'orange', 'banana'}
```

当然,也可以使用 pop()内置方法随机删除集合中的一个元素。

【演示】 使用 pop()内置方法随机删除集合中元素。

```
>>> basket.pop()
    'pear'
>>> basket
    {'orange', 'banana'}
```

4. 集合运算

与列表、元组、字典一样,集合也可以使用 in 或 not in 运算符来检查是否包含某个元素,也可以使用 len()、max()、min()、sum()和 sorted()等内置函数。除此之外,集合最常用的操作是集合之间完成交集、并集、差集以及对称差集等集合运算。集合运算操作如表 3-4 所示。

表 3-4　集合运算操作

运 算 操 作	运 算 符	含　　义
交集	&	取两集合公共的元素
并集	|	取两集合全部的元素
差集	-	取一个集合中有另一集合没有的元素
对称差集	^	取两个集合全部元素中不属于公共元素的元素

【演示】 集合运算。

```
>>> a = {1, 2, 3}        # 创建两个集合
>>> b = {3, 4, 5}
>>> a & b                # 交集,即集合 a 和 b 中都包含的元素
    {3}
>>> a | b                # 并集,即集合 a 或 b 中包含的所有元素
    {1, 2, 3, 4, 5}
>>> a - b                # 差集,即集合 a 中包含而集合 b 中不包含的元素
    {1, 2}
>>> a ^ b                # 对称差集,并集元素减交集元素,即不同时包含于 a 和 b 的元素
    {1, 2, 4, 5}
```

3.3.3 相关方法

Python 语言为集合类型提供的常用内置方法如表 3-5 所示，其中 set 为集合。

表 3-5 集合的常用方法

方 法	描 述
set. add(e)	为集合 set 添加元素 e
set. update(s)	给集合 set 添加参数 s 中的各元素，s 可以是一个或多个对象
set. remove(e)	从集合 set 中移除指定元素 e，移除一个不存在的元素时会发生错误
set. discard(e)	从集合 set 中移除指定元素 e，移除一个不存在的元素时不会发生错误
set. pop()	从集合 set 中随机移除一个元素
set. intersection(s)	返回 set 和 s 的交集，s 可以是一个或多个对象
set. intersection_update(s)	将 set 更新为与 s 的交集，s 可以是一个或多个参数值
set. union(s)	返回 set 和 s 的并集，s 可以是一个或多个对象
set. difference(s)	返回 set 和 s 的差集
set. difference_update(s)	将 set 更新为与 s 的差集
set. symmetric_difference(s)	返回 set 和 s 的对称差集
set. symmetric_difference_update(s)	将 set 更新为与 s 的对称差集
set. isdisjoint(s)	判断集合 set 和 s 是否包含相同的元素，如果没有则返回 True，否则返回 False
set. issubset(s)	判断集合 set 是否为 s 的子集
set. issuperset(s)	判断集合 set 是否为 s 的超集
set. clear()	移除集合中的所有元素
set. copy()	复制一个集合

其中，add()、update()、remove()、discard()、pop()方法已在前文介绍过，另外 clear()方法和 copy()方法的使用与列表使用一致。

1. 交集、并集、差集、对称差集方法

除了并集相关的方法只有 union()外，交集、差集和对称差集均各自拥有两个内置方法。其中，交集相关方法是 intersection() 和 intersection_update()；差集相关方法是 difference() 和 difference_update()；对称差集相关方法是 symmetric_difference() 和 symmetric_difference_update()。对于每种运算，两种方法的区别在于：前者返回一个新的集合；而后者是在原始的集合上进行操作，没有返回值。

【演示】 以交集为例，演示 intersection()和 intersection_update()内置方法的区别。

```
>>> basket1 = {"apple", "banana", "cherry"}
>>> basket2 = {"cherry", "pear"}
>>> basket1.intersection(basket2)          # 计算两集合的交集并返回
    {'cherry'}
>>> basket1                                # basket1 集合未发生变化
    {'cherry', 'apple', 'banana'}
>>> basket1.intersection_update(basket2)   # 在 basket1 上进行交集运算,无返回值
>>> basket1  # basket1 集合发生变化
    {'cherry'}
```

这些内置方法除了能够接收集合对象作为参数外,也可以接收范围、列表、元组、字典、字符串对象作为参数值。其中,交集和并集的相关方法还能接收多个参数,各参数之间使用逗号隔开,表示多个数据元素上的交集和并集计算。

【演示】 多种参数的交集和并集计算。

```
>>> words = {"a", "b", "c", "d"}
>>> words.intersection(["c", "d"], ("c", "e", "f", "d"))   # 多个列表、元组参数
    {'d', 'c'}
>>> words.union(range(1,10))                               # 参数为一个范围
    {1, 'c', 2, 'b', 3, 4, 5, 6, 'd', 7, 8, 9, 'a'}
>>> words.difference("ab")                                 # 字符串参数将拆分各个字符作为元素
    {'c', 'd'}
```

而字典类型的参数使用键作为元素进行综合运算。

【演示】 字典类型的参数作为元素进行运算。

```
>>> words = {"a", "b", "c", "d"}                # 创建集合
>>> words.union({'a': 1, 'b': 2, 'e': 5, 'f': 6})   # 字典参数将用键作为元素
    {'c', 'b', 'd', 'e', 'f', 'a'}
>>> words.intersection_update({'a':1, 'b':2,'e':5, 'f':6}, {'g':7})   # 产生空集
>>> words
    set()
```

2. 相交、超集、子集判断方法

集合支持用 isdisjoint() 方法来判断一个集合与另一个集合是否非相交,分别用 issubset() 和 issuperset() 方法来判断一个集合是否是另一个集合的子集和超集。同样地,方法的参数可以是集合,也可以是范围、列表、元组、字典、字符串。

【演示】 isdisjoint() 方法的使用。

```
>>> words = {"a", "b", "c", "d"}
>>> words.isdisjoint("e")   # 非相交,返回 True
    True
>>> words.isdisjoint("ab")   # 字符串参数拆分为各个字符元素。相交返回 False
    False
>>> words.issubset(("a", "b", "c", "d", "e", "f"))   # 元组参数,前者是后者的子集
    True
>>> words.issuperset(["e", "a"])   # 列表参数,前者不是后者的超集
    False
```

3.4 推 导 式

推导式是一种独特的数据处理方式,可以从一个区间、字符串、列表、元组、字典和集合等数据类型中,快速生成一个满足指定需求的组合数据类型。Python 语言支持多种组合数据类型的推导式,包括列表推导式、元组推导式、字典推导式和集合推导式。

3.4.1　列表推导式

【语法格式】

```
[exp for item in collection]
```

或者

```
[exp for item in collection if condition]
```

【说明】

exp 是列表生成元素表达式，可以是有返回值的函数；for item in collection 表示迭代 collection 中的各个元素，每次将元素 item 传入 exp 表达式中；if condition 是条件，可以过滤 collection 元素中不符合条件的值。

【演示】　过滤字符串列表中长度小于或等于 3 的字符串，并将符合条件的字符串转换为大写字母。

```
>>> names = ('Bob','Tom','alice','Jerry','Wendy','Smith')
>>> new_names = [name.upper() for name in names if len(name)> 3]
>>> new_names
    ['ALICE', 'JERRY', 'WENDY', 'SMITH']
>>> type(new_names)
    <class 'list'>
```

3.4.2　元组推导式

【语法格式】

```
(exp for item in collection)
```

或者

```
(exp for item in collection if condition)
```

【说明】

各变量的含义与列表推导式一致。元组推导式和列表推导式的用法也完全相同，只是元组推导式是用小括号将各部分括起来，而列表推导式用的是中括号。注意，元组推导式返回的结果是一个生成器对象，而不是直接返回元组对象。

【演示】　生成一个包含数字 1~9 的元组。

```
>>> nums = (x for x in range(1,10))
>>> nums
    <generator object <genexpr> at 0x0000020B31FEDBC8>
>>> type(nums)
    <class 'generator'>
>>> tuple(nums)    ♯ 使用 tuple()函数可以将生成器对象转换为元组
    (1, 2, 3, 4, 5, 6, 7, 8, 9)
```

3.4.3 字典推导式

【语法格式】

```
{key_expr: value_expr for item in collection}
```

或者

```
{ key_expr: value_expr for item in collection if condition}
```

【说明】

key_expr 和 value_expr 分别是字典的键和值的表达式；for item in collection 表示迭代 collection 中的各个元素，每次将元素 item 传入 key_expr 和 value_expr 表达式中；if condition 是条件，可以过滤 collection 元素中不符合条件的值。

【演示】 根据字符串及其长度创建字典。

```
>>> websites = ['Google', 'Chrome', 'Wiki']
>>> webdict = {key:len(key) for key in websites}
>>> webdict
    {'Google': 6, 'Chrome': 6, 'Wiki': 4}
>>> type(webdict)
    <class 'dict'>
```

上述代码将列表中各字符串值作为键，字符串的长度作为值，组成新字典的键值对。

也可以借助字典推导式生成乘法表。

【演示】 生成数字 3 的乘法表。

```
>>> dic = {x: x * 3 for x in range(1, 10)}
>>> dic
    {1: 3, 2: 6, 3: 9, 4: 12, 5: 15, 6: 18, 7: 21, 8: 24, 9: 27}
>>> dic[4]    # 读字典获取 4 * 3 的值
    12
```

3.4.4 集合推导式

集合推导式的基本格式和列表推导式、元组推导式类似。

【语法格式】

```
{exp for item in collection}
```

或者

```
{exp for item in collection if condition}
```

【说明】

exp 是集合生成元素表达式，可以是有返回值的函数；for item in collection 表示迭代 collection 中的各个元素，每次将元素 item 传入 exp 表达式中；if condition 是条件，可以过滤

collection 元素中不符合条件的值。

【演示】 查找字符串中不是“a”“b”“c”的字母，并输出。

```
>>> words = {x for x in 'abandon' if x not in 'abc'}
>>> words
    {'d', 'n', 'o'}
>>> type(words)
    < class 'set'>
```

本 章 小 结

列表和元组比较相似，都属于序列。它们都按顺序保存元素，所有的元素占用一块连续的内存，每个元素都有自己的索引，因此列表和元组的元素都可以通过索引来访问。它们的区别在于：列表是可以修改的，而元组是不可修改的。字典和集合存储的数据都是无序的，每个元素占用不同的内存，其中字典元素以键值对的形式保存，而集合的元素是非重复的、无序的。列表、元组、字典和集合都可以通过推导式来快速创建。

本 章 习 题

（1）简述列表结构的基本特点。

（2）简述列表与元组的主要区别。

（3）索引号有什么概念？

（4）编程：建立字典 D={"数学":101,"语文":202,"英语":203,"物理":204,"生物":206}；完成向字典中添加键值对""化学":205"；修改"数学"对应的键值为201；删除"生物"对应的键值对；以输入为键，输出字典中对应的值，若键不存在，则输出“输入的键不存在！”。

（5）编程：输入一个列表和两个整数表示的列表索引号，输出列表中索引号为两数的元素组成的子列表。如输入[1,2,3,4,5,6]和2,5，输出[3,6]。

（6）编程：根据输入的字符串，输出用逗号分隔每个字母后的字符串。

（7）编程：用户输入由数字或字符元素组成的两组字典，编写程序将两个字典合并为一个字典，如果两个字典中有相同的键，需将对应的值相加后作为字典中该键对应的新值，要求输出合并后的字典是按照值递增排序的，如果有值相同则再按键递增排序。

组合数据类型

第4章 程序控制结构

Python 语言编写的程序由模块组成,其中每个模块又由相应语句构成,因此语句是 Python 语言程序的构造单元,而程序最终对应一个 Python 语言源文件。运行 Python 语言程序时,系统按照模块中语句的顺序依次执行,而相关的功能流程需要通过具体的控制结构设计实现。

与其他计算机高级语言一样,在 Python 语言中提供 3 种基本流程控制结构:顺序结构、选择结构和循环结构来实现程序的流程控制。本章将分别阐述在 Python 语言中如何实现程序的流程控制,具体包括 if 选择结构、while 和 for 循环结构以及程序控制结构的应用。

4.1 结构化程序设计

4.1.1 结构化程序设计概述

诞生于 20 世纪 60 年代的结构化程序设计方法发展到 20 世纪 80 年代,已经成为当时程序设计的主流方法。它的产生和发展形成了现代软件工程的基础,也是面向对象程序设计方法的基础。

结构化程序设计的基本思想是"自顶向下,逐步求精"的程序设计方法和"单入口单出口"的控制结构。"自顶向下、逐步求精"的程序设计方法从问题本身开始,经过逐步细化,将需要解决的问题逐步分解。"单入口单出口"的思想主要为:一个复杂的程序,如果它仅是由顺序、选择和循环 3 种基本程序结构(见图 4-1)通过组合、嵌套构造的程序一定是一个单入口单出口的程序。

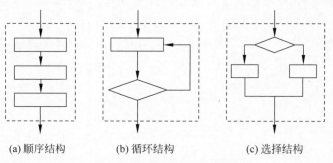

(a) 顺序结构   (b) 循环结构   (c) 选择结构

图 4-1 3 种流程控制结构

以模块化设计为中心的结构化程序设计方法,将待开发的软件系统划分为若干相互独立的模块,使每一个模块的工作变得明确,为设计较大的软件打下良好的基础。由于模块相互独立,因此在设计其中一个模块时,不会受到其他模块的牵连,因而可将原来较为复杂的问题简化为一系列简单模块的设计。模块的独立性还为扩充已有的系统或建立新系统带来方便。按照结构化程序设计方法设计出的程序具有结构清晰、可读性好、易于修改的特点。

在结构化程序设计方法中,模块是一个基本概念。一个模块可以是一条语句、一段程序、一个函数等。在流程图表示中,模块用一个矩形框表示。模块的基本特征是其仅有一个入口和一个出口,即要执行该模块的功能,只能从该模块的入口处开始执行,执行完该模块的功能后,从模块的出口转向执行其他模块的功能。即使模块中包含多条语句,也不能随意从其他语句开始执行,或提前退出模块。

Python 语言程序由模块组成,每个模块对应一个 Python 语言源文件,文件扩展名是. py;模块由标准的 Python 语句组成;语句是 Python 语言程序的构造单元,用于创建对象、给变量赋值、调用函数、控制语句等。

Python 语言虽然是面向对象的程序设计语言,但它依然遵循结构化程序设计思想,因此在 Python 语言中也提供 3 种流程控制结构:顺序结构、选择结构和循环结构。

4.1.2 基本控制结构

从结构化程序设计的观点出发,按照程序执行流程,任何算法功能都可以通过由程序模块组成的 3 种基本程序结构的组合来实现,也就是说一个结构化程序是由这 3 种基本程序结构交替综合而构成的。

1. 顺序结构

顺序结构是最常见的程序结构形式。Python 语言通过顺序结构保证程序按照从头到尾的顺序依次执行每一条 Python 语言代码,不重复执行任何代码,也不跳过任何代码。即使是多个程序模块也是顺序执行的,执行顺序与书写模块顺序一致,即先执行<程序模块 1>再执行<程序模块 2>。当然顺序结构中的多个程序模块也可以通过合并成为一个等效的程序模块,即将其看成一个程序模块。通过这种方法,可以将多条顺序执行的语句合并成一个较大的程序模块。

但并不是所有程序功能只使用顺序结构就可以实现。例如在求解实际问题时,常常要根据输入数据的实际情况进行逻辑判断,对不同的判断结果分别进行不同的处理;或者需要反复执行某些程序段,以避免多次重复编写结构相似的程序段带来程序结构上的臃肿,这时就需要在程序中引入选择结构和循环结构。

2. 选择结构

Python 语言提供的选择结构也称分支结构,具体就是让程序有选择性地执行代码。换句话说,就是根据条件选择执行相应的代码,即根据逻辑条件成立与否,分别选择执行<程序模块 1>或者<程序模块 2>。

虽然从形式和功能上,选择结构与顺序结构不同,但是仍然可以将其整体作为一个等效地程序模块。一个入口(从顶部进入模块开始判断)和一个出口(无论是执行了<程序模块 1>还是<程序模块 2>,都应从选择结构框的底部出去)。

当然在实际编程过程中,还可能遇到选择结构中的一个分支没有实际操作的情况,这种形式结构可以看成是选择结构的特例。

3. 循环结构

Python 语言循环结构就是让程序实现在一定条件下不断地重复执行同一段代码。通常在进入循环结构后,首先判断循环条件是否成立,如果成立则执行内嵌的<程序模块>,反之则退出循环结构。循环中每次执行完<程序模块>后再去判断循环条件,如果条件仍然成立则再次执行内嵌的<程序模块>,循环往复,直至条件不成立时退出循环结构。

根据判断条件和循环次数是否确定,循环结构可以分成不同的形式,Python 语言提供 for 和 while 两种循环结构。同样循环结构也可以抽象为一个等效的程序模块。

4.1.3 pass 语句

为了保持程序结构的完整性,Python 语言提供了一个空语句 pass。pass 语句一般仅作为占位,不完成任何操作。

【语法格式】

```
pass
```

【说明】

pass 语句是一个空操作,所以执行时没有任何反应。它用于语法需要语句但不想在其位置使用任何可执行语句的情况。pass 语句也用于代码将被写入某处但尚未写入程序文件的地方。当不想执行代码时,可以使用 pass 语句。

【例 4-1】 pass 语句的使用。

【参考代码】

```
for i in [1,2,3,4,5]:
    if i == 3:
        pass
    print("\nPass when value is ",i)
    else:
    print(i,end = " ")
```

程序执行结果:

```
1 2
Pass when value is 3
4 5
```

4.2 选 择 结 构

选择结构是指程序运行时系统根据某个特定条件选择一个分支执行。通常根据分支的多少,选择结构分为单分支选择结构、双分支选择结构和多分支选择结构。根据实际流程需要,还可以在一个选择结构中嵌入另一个选择结构。Python 语言针对选择结构提供了 if 语句、if-else 语句和多分支 if-elif-else 语句共 3 种形式的 if 语句,以实现不同的选择结构。

4.2.1 单分支结构

单分支选择结构(见图 4-2)用于处理单个条件、单个分支的情况,用 if 语句实现。

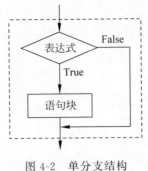

图 4-2　单分支结构

【语法格式】

```
if 表达式:
    语句块
```

【说明】

if 是 Python 语言的关键字；表达式用于表示条件，其值为布尔值。条件表达式与关键字 if 之间要以空格分隔开；表达式后面使用冒号(:)来表示满足此条件后要执行的语句块；语句块与 if 语句之间使用缩进来区分层级关系，语句块又称为 if 分支语句。

if 语句的执行流程是首先计算条件表达式的值，对表达式的结果进行判断；如果表达式的结果为 True，则执行语句块，然后执行 if 语句的后续语句；如果表达式的结果为 False，则跳过语句块，直接执行 if 语句的后续语句。

注意，语句块可以是单条语句，也可以是多条语句。语句块必须向右缩进，如果包含多条语句，则这些语句必须采用相同的缩进量。如果语句块中只有一条语句，则语句块可以和 if 语句写在同一行，即在冒号后面直接写出条件成立时要执行的语句。

【例 4-2】　判断从键盘输入的年份 year 是否为闰年。

【分析】

(1) 闰年的条件可以用一个逻辑表达式来表示：

```
(year % 4 == 0 and year % 100 != 0) or year % 400 == 0
```

(2) 利用 input() 函数从键盘接收用户输入数据，需要注意的是该函数的返回值是字符串类型，所以这里采用 int(input()) 将读取的字符串转换为整型数。

由此可得出问题分解为以下步骤：

(1) 没有判断之前，所有年份都假设为不是闰年。

(2) 从键盘接收年份 year。

(3) 判断 year，若符合闰年条件，则该年是闰年。

(4) 输出结果。

【参考代码】

```
leap = '不是闰年'                    # 变量赋初值,A
year = int(input('请输入年份'))      # 键盘输入年份,B
```

99

第
4
章

程序控制结构

```
if (year % 4 == 0 and year % 100 != 0) or year % 400 == 0:    # 判断,C
    leap = '是闰年'                                              # 条件满足,变量重新赋值,D
print(year,leap)                                                # 输出,E
```

【程序执行过程】

(1) 从键盘输入 2022,则执行流程:

① 行 A 中 leap 赋初值为"不是闰年"。

② 行 B 从键盘接收整数 2022 赋值给变量 year。

③ 行 C 判断表达式"(2022%4==0 and 2022%100 != 0) or 2022%400==0"值为假,则行 D 中语句不执行。

④ 行 E 完成结果输出。

程序执行结果:

```
请输入年份 2022
2022 不是闰年
```

(2) 从键盘输入 2020,则上述流程中③判断表达式"(2020%4==0 and 2020%100 != 0) or 2020%400==0"值为真,则执行行 D 的语句,leap 再次赋值为"是闰年",行 E 输出。

程序执行结果:

```
请输入年份 2020
2020 是闰年
```

(3) 语句行 C 和行 D 也可以合并为一行,程序执行流程和结果不变:

```
if (year % 4 == 0 and year % 100 != 0) or year % 400 == 0:leap = '是闰年'
```

单分支 if 语句主要用于简单的条件判断,用于决定某条语句或者某个语句块是否执行。

4.2.2 双分支结构

双分支选择结构(见图 4-3)用于处理单个条件但存在两种需要处理的情况,用 if-else 语句来实现。

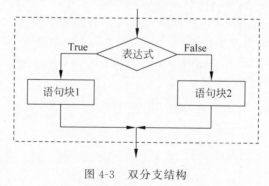

图 4-3 双分支结构

```
if 表达式:
    语句块1
else:
    语句块2
```

【说明】

if 和 else 是关键字。表达式是 if-else 语句的判断条件,其值为布尔值。注意,在该表达式后面添加冒号,else 后的冒号也不可缺少。这里语句块1称为 if 分支语句,语句块2称为 else 分支语句。语句块1和语句块2可以是单条或多条语句,各语句块必须使用向右缩进,若语句块中包含有多条语句,则必须采用相同的缩进量。

if-else 语句的执行流程是首先计算表达式的值,如果该值为 True,则执行语句块1,若值为 False 则执行语句块2;无论是执行语句块1还是语句块2,完成后都将接着执行 if-else 语句的后续语句。即在一次执行 if-else 语句过程中,程序根据条件在"语句块1"和"语句块2"中选择一个执行。

【例 4-3】 采用双分支语句判断从键盘输入的年份 year 是否为闰年。

【分析】

(1) 从键盘接收年份 year。

(2) 判断 year,若符合闰年条件,则 year 是闰年;不符合条件时 year 不是闰年。

(3) 输出结果。

【参考代码】

```
year = int(input('请输入年份'))                    # 键盘输入年份,A
if (year % 4 == 0 and year % 100 != 0) or year % 400 == 0: # 判断,B
    leap = '是闰年'                                 # 满足条件变量赋值,C
else:                                              # 不满足条件,D
    leap = '不是闰年'                               # 变量赋值,E
print(year,leap)                                   # 输出,F
```

【程序执行过程】

(1) 若从键盘输入 2022,则执行流程:

① 行 A 从键盘接收数据转整数 2022 赋值给 year。

② 行 B 中判断表达式"(2022%4==0 and 2022%100!=0) or 2022%400==0"的值为假,执行 else 分支后的行 E 的语句。

③ 行 F 完成输出。

程序执行结果:

```
请输入年份2022
2022 不是闰年
```

(2) 若从键盘输入 2020,则上述流程中步骤②的行 B 进行判断表达式"(2020%4==0 and 2020%100!=0) or 2020%400==0"的值为真,则执行语句行 C 的语句,进而完成行 F 的输出。

程序执行结果:

请输入年份2020
2020 是闰年

注意,双分支结构 if-else 语句由 if 分支和 else 分支组成;else 分支语句不能单独使用,必须和 if 同时配对存在,形式上与同缩进的 if 配对。单分支语句可以看成双分支语句的特例,即省略 else 分支语句的双分支语句。

双分支语句增加了程序选择的灵活性,为逻辑推理提供了基础。

4.2.3 条件运算符

为了简化编程,Python 语言还提供了条件运算符,它属于三目运算符,有 3 个运算对象。

【语法格式】

表达式 1 if 表达式 else 表达式 2

【说明】

首先计算 if 后面表达式的值,如果该值为 True,则计算表达式 1 的值并以该值作为条件运算符的运算结果,否则计算表达式 2 的值并以该值作为条件运算符的运算结果。

由此通过 3 个运算对象结合条件运算符构成一个条件表达式,并且该表达式还可以作为运算对象出现在其他表达式中,实现了程序简化。

例如,直接利用下面的一条语句即可方便地求出变量 x 和 y 中的较大者。

Max = x if x>y else y

【例 4-4】 利用条件运算符判断从键盘输入的年份 year 是否为闰年。
【参考代码】

```
year = int(input('请输入年份'))
leap = '是闰年'if((year % 4 == 0 and year % 100 != 0) or year % 400 == 0) else '不是闰年'
print(year,leap)
```

这里采用一个三元运算符将判断结果赋值给变量 leap。
程序执行两次,运行结果分别为:

① 请输入年份2022
   2022 不是闰年
② 请输入年份2020
   2020 是闰年

注意,因为分支语句结构中的 if 分支和 else 分支的语句块能包含多条语句,而条件运算符只能执行表达式,所以条件运算符的功能只能相当于简单的双分支语句。

条件运算符的优先级较低,仅高于赋值运算符。

4.2.4 多分支结构

前面介绍的两种分支语句的形式只能够通过判断一个表达式进行分支语句的选择。但是,在实际的程序编写过程中,有时存在很多复杂的条件判断,而不是仅仅通过一次判断就可以实现的。多分支选择结构(见图 4-4)就是用于处理多个条件、多个分支的情况,用 if-elif-else 语句来实现。

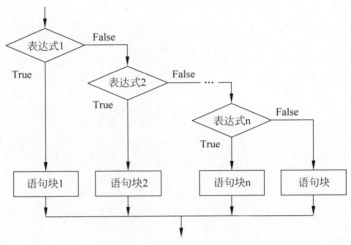

图 4-4 if-elif-else 多分支结构

【语法格式】

```
if 表达式 1:
    语句块 1
elif 表达式 2:
    语句块 2
elif 表达式 3:
    语句块 3
…
elif 表达式 n:
    语句块 n
[else
    语句块]
```

【说明】

表达式 1、表达式 2、…、表达式 n 表示条件,它们的值为布尔值,在这些表达式后面要加上冒号;语句块 1、语句块 2、…、语句块 n 可以是单条语句或多条语句,同时这些语句必须采用相同的向右缩进量。

语句的执行流程是首先计算表达式 1 的值,如果值为 True,则执行语句块 1,否则计算表达式 2 的值;如果值为 True,则执行语句块 2,否则计算表达式 3 的值,以此类推。如果所有表达式的值均为 False,有 else 分支则执行 else 后面的语句块;如果没有 else 分支,则执行 if-elif-else 语句的后续语句。

注意,在多分支选择结构的执行过程中,从任一条件分支执行完语句块后,将继续执行 if-elif-else 语句的后续语句。

【例 4-5】 将用户输入的百分制成绩转换为五分制输出。

【分析】

使用浮点数表示输入的学生成绩,并按标准划分为 5 个分数段,每个分数段对应一个等级,形成 5 个分支。通过多个单分支选择结构的 if 语句进行处理则语句烦琐,而采用多分支结构的 if 语句进行处理,则由于各个分支的条件相互排斥,代码更为简洁。

具体为:

(1) 从键盘接收百分制分数 score;

(2) 判断百分制成绩是否为 0~100,即输入数据是否合法,然后按条件判断 score 的等级;

(3) 输出结果。

【参考代码】

```
score = float(input('请输入百分制成绩:'))          # A
if score < 0 or score > 100:                        # B
    grade = 0                                       # C
elif score < 60:                                    # D
    grade = 'E'
elif score < 70:                                    # E
    grade = 'D'
elif score < 80:                                    # F
    grade = 'C'
elif score < 90:                                    # G
    grade = 'B'                                      # H
else:
    grade = 'A'
if grade == 0:                                      # I
    print('输入有错')                               # J
else:                                               # K
    print('转换为五分制是:', grade)                 # L
```

【程序执行过程】

(1) 若从键盘输入-2,则执行流程:

① A 行从键盘接收"-2"转换为实数赋值给 score;

② B 行判断条件表达式"score < 0 or score > 100"的值为真,转去执行 if 分支 C 行语句;

③ C 行赋值 grade 为 0,结束 if-elif-else 语句,即跳过其余所有分支,执行后继 I 行语句;

④ I 行判断条件表达式"grade==0"的值为真,执行 if 分支 J 行语句;

⑤ J 行完成结果输出。

程序执行结果:

```
请输入百分制成绩:-2
输入有错
```

(2) 若从键盘输入 87,则执行流程:

① A 行将实数 87 赋值给 score;

② B 行判断条件表达式"score<0 or score>100"的值为假,则执行 D 行语句;

③ D 行判断条件表达式"score<60"的值为假,则执行 E 行语句;

④ E 行判断条件表达式"score<70"的值依然为假,则执行 F 行语句;

⑤ F 行判断条件表达式"score<80"的值还是为假,则执行 G 行语句;

⑥ G 行判断条件表达式"score＜90"的值为真,则执行 H 行语句;

⑦ H 行赋值 grade 为 B 后,结束 if-elif-else 语句,即跳过其余所有分支,执行后继 I 行语句;

⑧ I 行判断条件表达式"grade＝＝0"的值为假,执行 else 分支 L 行语句;

⑨ L 行完成结果输出。

程序执行结果:

```
请输入百分制成绩:87
转换为五分制是:B
```

4.2.5 选择结构的嵌套

当使用选择结构来控制程序执行流程时,如果有多个条件并且条件之间存在递进关系,则可以在一个选择结构中嵌入另一个选择结构,由此形成选择结构的嵌套。同理,在内层的选择结构中还可以继续嵌入选择结构,Python 语言中嵌套的深度是没有限制的。选择结构的嵌套方式可以根据实际需求灵活进行。

嵌套分支结构语句可以通过外层语句和内层语句的协作,增强程序的灵活性。

【语法格式 1】

```
if 表达式1:              # 开始外层
    if 表达式2:          # 开始内层
        语句块1
    else:
        语句块2          # 结束内层
else:                    # 继续外层
    if 表达式3           # 开始内层
        语句块3
    else:
        语句块4          # 结束内层,结束外层
```

【语法格式 2】

```
if 表达式1:              # 开始外层
    if 表达式            # 开始内层
        语句块1
    else:
        语句2            # 结束内层
elif 表达式3:            # 继续外层
    if 表达式            # 开始内层
        语句块3
    else:
        语句块4          # 结束内层
else:
    语句块5              # 结束外层
```

【例 4-6】 判断是否为闰年。

【分析】

因为年份应该为正数,所以对输入的年份首先判断是否为合法数字,如果合法再进行闰

年判断,否则直接输出"输入错误"。

【参考代码】

```
year = int(input('请输入年份'))              # A
if year > 0:                                # B
    if (year % 4 == 0 and year % 100 != 0) or year % 400 == 0:
        leap = '是闰年'
    else:
        leap = '不是闰年'
    print(year, leap)
else:
    print('输入错误')                        # C
```

【程序执行过程】

(1) 若从键盘输入 0,则执行流程为:

① A 行从键盘接收整数 0 赋值给 year;

② B 行判断条件表达式"year>0"的值为假,执行 else 分支 C 行语句;

③ C 行输出程序结果。

程序执行结果:

```
请输入年份0
输入错误
```

4.2.6 应用实例

【例 4-7】 判断一个数是否为水仙花数。

【分析】

水仙花数是指一个 3 位数整数,其每位上数字的 3 次幂之和等于它本身(例如:$1^3 + 5^3 + 3^3 = 153$,所以 153 是水仙花数)。

首先要求出该整数在个位、十位和百位上的数字,然后根据条件进行判断。若该整数为 n,则其个位数应为 $a = n \% 10$,十位数应为 $b = (n//10) \% 10$,百位数应为 $c = n//100$,水仙花数应满足的条件为 $a**3 + b**3 + c**3 == n$。

【参考代码】

```
n = int(input('请输入一个 3 位数整数:'))
if 99 < n < 1000:
    c = n // 100          # 百位
    b = n // 10 % 10      # 十位
    a = n % 10            # 个位
    if n == a ** 3 + b ** 3 + c ** 3:
        print (n,"是水仙花数")
    else:
        print (n,"不是水仙花数")
else:
    print("输入有错")
```

若输入数据分别为 123 和 153,程序执行结果分别为:

```
请输入一个 3 位数整数:123
123 不是水仙花数
请输入一个 3 位数整数:153
153 是水仙花数
```

若输入数据不是 3 位数,程序执行结果:

```
请输入一个 3 位数整数:90
输入有错
```

【例 4-8】 编写一个登录程序。从键盘输入用户名和密码,然后对输入的用户名进行验证;如果用户名正确,再对输入的密码进行验证。

【分析】

由于要求先验证用户名后验证密码,因此在程序中可以使用嵌套的选择结构,即在外层 if 语句中验证用户名,如果用户名正确无误,再进入内层 if 语句验证密码。

【参考代码】

```python
# 设置用户名和密码
username = "admin"
password = "key!"
# 从键盘输入用户名
guestname = input('请输入用户名:')
# 判断用户名是否匹配
if guestname == username:      # 用户名匹配
    # 从键盘输入密码
    guestkey = input('请输入密码:')
    # 判断密码是否匹配
    if guestkey == password:
        # 密码匹配
        print("合法用户,登录成功")
        print("欢迎进入系统!")
    else:
        # 密码不匹配
        print("密码错误,登录失败")
else:
    # 用户名不匹配
    print('用户"%s"不存在,登录失败!' % guestname)
```

程序执行 3 次,结果分别为:

```
①  请输入用户名:gu
    用户"gu"不存在,登录失败!
②  请输入用户名:admin
    请输入密码:12
    密码错误,登录失败
③  请输入用户名:admin
    请输入密码:key!
    合法用户,登录成功
    欢迎进入系统!
```

【例 4-9】 求解一元二次方程 $ax^2+bx+c=0$ 的实数根,方程系数从键盘输入。

【分析】

在求解的过程中,根据数学方程根的定义有以下几种情况需要考虑:

(1) 当 $a=0$ 时,则方程转为一元一次方程,方程有唯一根为 $-c/b$。

(2) 当 $b^2-4ac=0$ 时,方程有两个相等的实数根。

(3) 当 $b^2-4ac>0$ 时,方程有两个不相等的实数根。

(4) 当 $b^2-4ac<0$ 时,方程无实数根。

根据以上分析,对各种情况使用选择来分别处理。

【参考代码】

```python
import math                      # 为使用函数 sqrt()
# 从键盘接收方程系数,并将输入信息转换为浮点数
a = float(input('请输入二次项系数 a:'))
b = float(input('请输入一次项系数 b:'))
c = float(input('请输入常数项 c:'))
if a != 0:                       # 如果系数 a 不等于 0
    delta = b ** 2 - 4 * a * c   # 计算方程判别式
    if delta < 0:                # 如果判别式小于 0
        print('方程无实数根')
    elif delta == 0:             # 如果判别式等于 0
        x = - b/(2 * a)          # 计算方程的唯一根
        print('有两个相等的实数根 x = %.2f' % x)
    else:
        root = math.sqrt(delta)  # 计算方程判别式
        x1 = (- b + root)/2
        x2 = (- b - root)/2
        print('方程有两个不相等的实数根,x1 = %.2f,x2 = %.2f' % (x1,x2))
else:
    if b != 0:
        x = - c/b                # 计算方程的唯一根
        print('方程有唯一根 x = %.2f' % x)
    else:
        print('方程系数输入有错')
```

程序执行结果(方程系数由用户输入):

```
请输入二次项系数 a:1
请输入一次项系数 b:0
请输入常数项 c:-1
方程有两个不相等的实数根,x1 = 1.00,x2 = -1.00
```

4.3 循 环 结 构

循环结构实现了程序中部分语句的重复执行。在进行程序设计时,经常会遇到当某一条件成立时,需要重复执行某些操作的要求。例如求 $1\sim100$ 的和,即:

$$S=1+2+3+\cdots+100$$

显然在具体的程序中不能用省略来表示按某一种规律进行的重复计算。若依次列出从 1 到 100 共 100 个数相加,不但表达式太长,而且也没有必要。完成以上求和任务,可具体

分步描述为：

（1）给整型变量 sum 和 i 赋初值 0。

（2）令：i＝i＋1；sum＝sum＋i。

（3）若 i＜100，则转（2）。

（4）输出 sum 的值。

在以上的描述中，步骤（2）和（3）是要重复执行的步骤，而这种需要重复执行的步骤就是循环体，形成了循环结构。在 Python 语言中，提供了 for 和 while 两种语句来实现循环结构，并把这两种语句称为循环结构语句。其中 for 循环主要用于循环次数确定的情况，而 while 循环主要用于循环次数不确定的情况。

4.3.1 for 语句

for 语句是用一个循环控制器来描述语句块的重复执行方式。通过 for 语句可以对循环控制器中每个元素逐个访问（这称为遍历）。这里的循环控制器可以是列表、字符串、元组等，也可以采用 range() 函数生成顺序整数序列（整数等差数列）。

【语法格式】

```
for 循环变量 in 循环控制器：
    语句块
```

【说明】

语句中的 for 和 in 是关键字，而由关键字 for 开始的行称为循环的头部，其中循环变量不需要事先进行初始化。循环控制器指定要遍历的字符串、列表、元组、集合或字典。

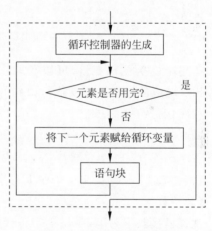

注意，循环头部的行尾以"："结束。循环语句块即为循环体，可以包含任意单条或多条语句。当循环体只包含单条语句时，也可以采用将这条语句与 for 写在同一行的形式；当循环体包含多条语句时，这些语句必须向右缩进，而且必须具有相同的缩进量，类似于 if 结构中的语句块情况，形成层次。

for 语句的执行流程如图 4-5 所示。

图 4-5 for 语句执行流程

（1）循环开始时，for 语句读取循环控制器（如列表等）中第一个元素，如果为空，则循环自动结束并退出循环。

（2）如果不为空，则 for 语句读取指定元素，并将它复制到循环变量。

（3）执行循环中的语句块，执行完后意味着一次循环完毕。

（4）for 语句准备继续访问下一个元素。

（5）for 语句自动判断，如果循环控制器中存在下一个元素，则重复执行步骤（2）～（5）。

（6）如果已经没有元素了，for 语句会自动退出当前循环语句，执行 for 语句的后续语句。

通过使用 for 循环,可以为列表、元组、集合中的每个项目等完成一组语句的执行。在 for 语句中,变量按顺序取得循环控制器中的每个值,对应执行循环语句块一次。由于变量取到的值在每一次循环中不一定相同,因此,虽然每次循环都执行相同的语句块代码,但执行的效果却随变量取值的变化而变化。

【例 4-10】 简单循环语句设计。

【参考代码】

```
objects = ['数学','物理','化学']        # 定义列表(序列)
for n in objects:                      # 将 objects 中的元素逐个按顺序代入变量 n
    print(n)                           # 执行循环语句块
```

程序执行结果:

```
数学
物理
化学
```

1. 字符串作为循环控制器

字符串类型可以直接放在 for 语句中作为循环控制器使用。

【例 4-11】 字符串作为循环控制器示例。

【参考代码】

```
for s in "Python 语言":
    print(s,end = " ")     # 输出以空格结束
```

语句中,s 为循环变量,可以获取字符串"Python 语言"中的每个字符,循环体 print 语句输出 s 获取的字符。反复执行语句"print(s,end" ")"就实现了整个字符串的输出。

程序执行结果:

```
P y t h o n 语 言
```

【例 4-12】 统计英文句子中大写字符、小写字符和数字各有多少个。

【分析】

从键盘接收字符串,对每个字符根据字符类型进行判断统计。

【参考代码】

```
str = input("请输入一行英文:")  # 从键盘接收数据
count_upper = count_lower = count_digit = count_other = 0  # 统计各类字符数变量的初值为 0
for s in str:                           # s 依次取字符串 str 中的每个字符
    if s.isupper():                     # 大写字符
        count_upper += 1
    elif s.islower():                   # 小写字符
        count_lower += 1
    elif s.isdigit():                   # 数字字符
        count_digit += 1
    else:                               # 其他字符
```

```
        count_other += 1
# 输出统计结果
print("大写字符:",count_upper)
print("小写字符:",count_lower)
print("数字字符:",count_digit)
print("其他字符:",count_other)
```

代码中判断字符类型的条件表达式也可以写成:

```
s.isupper() == True          # 大写字符
s.islower() == True          # 小写字符
s.isdigit() == True          # 数字字符
```

程序运行时,for 语句遍历字符串中的每一个字符,利用 isupper()、islower()、isdigit() 方法来判断字符类型,并用 count_upper、count_lower、count_digit 三个变量来进行计数。

程序执行结果:

```
请输入一行英文:I am a student. I am 20 years old.
大写字符:2
小写字符:20
数字字符:2
其他字符:10
```

2. range()函数生成序列

【例 4-13】 通过循环结构计算 1~10 的整数和。

【分析】

按列表进行循环计算。

【参考代码】

```
sum = 0                            # 初始和值为 0
for x in[1,2,3,4,5,6,7,8,9,10]:    # x 依次取列表中的每一个元素
    sum = sum + x                  # 累加计算
print('1 + 2 + 3 + … + 10 = ',sum) # 输出结果
```

程序执行结果:

```
1 + 2 + 3 + … + 10 = 55
```

可以发现如果计算 1~100 的和,使用列表方式十分烦琐,这里利用 range()函数产生序列。range()是 Python 语言中的一个内置函数,调用这个函数就能产生一个整数序列。

【语法格式】

```
range([start,]stop[,step])
```

【说明】

这里参数 start、stop、step 均为整数;start 表示序列开始,省略参数时表示 0;stop 表示序列终止,但序列中不包括 stop 自身;step 表示序列数之间的步长,省略参数时表示 1,注意 step 不能等于 0。

函数返回序列从 start 到 stop,按步长值 step 递增(step>0)或递减(step<0),直至最接近但不包括 stop 的等差值,即序列为:start,start + step,star + 2×step+…。注意,有可能出现空序列的情况,如 start ≥stop 且 step>0 时。

【例 4-14】 序列示例。

【参考代码】

```
x = range(1,6,2)    ♯ 返回序列:1,1 + 2,1 + 2 * 2,即序列[1,3,5]
for n in x: print(n,end = " ")
x = range(12,1,- 3)♯ 返回序列:12,12 + (- 3),12 + 2 * (- 3),12 + 3 * (- 3),即序列[12,9,6,3]
print()
for n in x: print(n,end = " ")
x = range(1,6)      ♯ 省略 step 表示 step 值为 1,即等价于 range(1,6,1),返回序列 1,2,3,4,5
print()
for n in x: print(n,end = " ")
x = range(5)    ♯ 省略 start 表示 start 的值为 0,等价于 range(0,5),返回序列[0,1,2,3,4],注意没有 5
print()
for n in x: print(n,end = " ")
x = range(10,1,1)   ♯ 返回空序列
print()
for n in x: print(n,end = " ")
```

程序执行结果:

```
1 3 5
12 9 6 3
1 2 3 4 5
0 1 2 3 4
```

注意,如果 range()产生的序列为空,那么用这样的循环控制器控制 for 循环时,其循环体将一次也不执行,立即结束循环。

【例 4-15】 利用 range()求 1~n 中所有整数的和。

【参考代码】

```
n = int(input("请输入一个正整数:"))
nsum = 0
if n> 0:
        for i in range(1, n + 1):    ♯ range()的终值为 n + 1,返回序列[1,2,…,n]
                nsum = nsum + i
        print("1~ % d 的和是 % d" % (n,nsum))
else:
        print("输入有错")
```

这里的 nsum 变量起累加器的作用,for 循环负责遍历取值空间,在循环体中将 i 的值加入累加器 nsum 变量中。当循环结束后,nsum 中的值就是和。

程序执行结果:

```
请输入一个正整数:100
1~100 的和是 5050
```

【例 4-16】 求 1～n 中的奇数和与偶数和。

【分析】

根据数学定义,奇数与偶数可以利用被 2 整除是否余 1 进行判断。

【参考代码】

```
n = int(input("请输入一个整数:"))
nsum_odd = nsum_even = 0
# 求 1～n 中所有奇数和与偶数和
for i in range(1, n + 1):
    # range()的终值为 n + 1,返回序列[1,2,…,n]
    if i % 2 == 1:      # i为奇数
        nsum_odd += i
    else:               # i为偶数
        nsum_even += i
print("1～ %d 中所有的奇数和为 %d" % (n,nsum_odd))
print("1～ %d 中所有的偶数和为 %d" % (n,nsum_even))
```

本题中需要遍历的空间仍然是 1～n,所以 for 循环的头部和例 4-15 一样。由于在遍历的过程中,需要对 i 的奇偶性做判断,因此引入了选择结构,在这里要特别注意语句的缩进关系。

实际应用中经常会采用 for 语句包含 if 语句来解决问题,例如先用 for 语句来遍历取值空间,再用 if 语句对取到的数据进行判断和筛选。

程序执行结果:

```
请输入一个整数:100
1～100 中所有的奇数和为 2500
1～100 中所有的偶数和为 2550
```

此外 for 循环语句还可以用于列表推导式,达到快速构成列表的效果(第 3 章已经介绍)。

例如,若 s1=[1,2,3,4,5,6,7,8]则执行 s2=[i*i for i in s1]后,s2 中的序列值为[1,4,9,16,25,36,49,64]

【演示】 假设有一个学生成绩列表,选出分数在 80～90 分的成绩。

```
scores = [45,82,75,89,91,68,90,70]
print([s for s in scores if s >= 80 and s < 90])
```

语句的执行为从右到左,按子句逐个分解。首先运算的是"scores if s>=80 and s<90",表示在 scores 列表中获取满足条件"s>=80 and s<90"的成绩有 82 和 89,而"[s in scores if s>=80 and s < 90]"表示将 82 和 89 生成 s 列表,即 s=[82,89],相当于生成 for 语句的循环控制器,即"for s in [82,89]",再通过循环将列表元素依次赋予变量 s 进行输出。

程序执行结果:

```
[82, 89]
```

程序控制结构

4.3.2 while 语句

在 for 语句中,循环结构关注的是循环控制器生成的遍历空间,然而有时循环的初值和终值并不明确,但是有清晰的循环条件,这时采用 while 语句会更为方便。

while 语句中,利用一个表示逻辑条件的表达式来控制循环,当条件成立时反复执行循环体,条件不成立时循环结束。

【语法格式】

```
while 条件表达式:
    语句块
```

【说明】

条件表达式表示循环条件,通常是关系表达式或逻辑表达式,也可以是结果能够转换为布尔值的任何表达式。同样,这里条件表达式后的":"不可省略,循环中的语句块是重复执行的单条或多条语句,也称为循环体。循环体可以包含任意语句,当循环体只包含单条语句时,也可以将该语句与 while 写在同一行;当循环体包含多条语句时,这些语句必须向右缩进,注意要具有相同的缩进量。

while 语句的执行流程(见图 4-6)是首先计算条件表达式的值,如果该值为 True,则重复执行循环体中的语句块,直至表达式的值变为 False 才结束循环,此时 while 语句执行结束,接着执行 while 语句的后续语句。

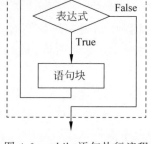

图 4-6 while 语句执行流程

【例 4-17】 利用 while 语句求 1~n 中所有整数的和。

【参考代码】

```
n = int(input("请输入一个正整数:"))
nsum = 0
if n > 0:
    i = 1
    while i <= n:
        nsum += i
        i = i + 1
    print("1~%d 的和是%d" % (n,nsum))
else:
    print("输入有错")
```

程序执行结果:

```
请输入一个正整数:100
1~100 的和是 5050
```

与采用 for 语句的程序相比,使用 while 语句时,必须对循环中使用的循环控制变量 i 进行管理,程序中的"i=i+1"就是循环控制变量 i 在做增量操作。如果去掉"i=i+1"这条语句,变量 i 的值将一直等于 1,循环条件"i<=100"将始终成立,这个循环就一直无法结

束,变成了"死循环"。相比可以发现,如果循环比较规范,循环中的控制比较简单,事先可以确定循环次数,那么用 for 语句写的程序往往会更简单、更清晰。

【例 4-18】 求输入的若干非负整数中的最小值、最大值和平均值。用户输入负数就表示终止输入。

【分析】

本题中由于用户的输入是不受程序控制的,因此可能用户第一次就输入了−1,那么程序一开始就会跳出循环。同样,程序也无法预知用户输入数据的个数,但是循环的条件非常清晰,因此采用 while 语句实现。

【参考代码】

```
count = 0
total = 0
print("请输入一个非负整数,以负数作为输入结束!")
num = int(input("输入数据:"))
nmin = num
nmax = num
while ( num > 0 ) :
    count += 1
    total += num
    if num < nmin: nmin = num
    if num > nmax: nmax = num
    num = int(input("输入数据:"))
if count > 0:
    print("最小为%.2f,最大为%.2f,均值为%.2f" % (nmin,nmax,total/count))
else:
    print("输入为空")
```

程序执行结果:

```
请输入一个非负整数,以负数作为输入结束!
输入数据:90
输入数据:23
输入数据:54
输入数据:78
输入数据:12
输入数据:−1
最小为12.00,最大为90.00,均值为51.40
```

4.3.3 循环嵌套

前面在介绍循环语句时,已说明循环体中的语句可以是任何一条语句,当然它也可以是一条循环语句。当循环语句中的语句块中包含一条循环语句时,称为循环的嵌套。当两个循环语句相互嵌套时,位于外层的循环结构简称为外循环,位于内层的循环结构则简称为内循环。循环嵌套执行时,每执行一次外循环,都要完成一遍内循环。Python 语言虽然对嵌套的层次没有明确限定,但据测试,循环嵌套 20 层以上会出现错误,而且循环嵌套太多会导致代码阅读性变差,因此一般应尽可能避免出现 3 层以上的循环嵌套。

程序控制结构

【例 4-19】 使用 for 循环嵌套,打印乘法表。

【分析】

考虑乘法表中每一项由乘数、被乘数和积组成。用一个变量 row 作为被乘数来控制要输出的行数(共 9 行),row 的取值为从 1 到 9,这需要用一个循环(外循环)来实现。对于 row 的每一个取值,要输出一行,这里用另一个变量 col 作为乘数来控制该行输出的列数;变量 col 的取值为从 1 到 row,这也需要用一个循环(内循环)来控制。所以选择使用双重循环实现。

【参考代码】

```
for row in range(1,10):
    for col in range(1,row + 1):
        print("%1d×%1d = %2d" % (col,row,row * col),end = " ")
    print("")    # 换行
```

程序执行结果:

```
1×1 = 1
1×2 = 2   2×2 = 4
1×3 = 3   2×3 = 6   3×3 = 9
1×4 = 4   2×4 = 8   3×4 = 12   4×4 = 16
1×5 = 5   2×5 = 10  3×5 = 15   4×5 = 20   5×5 = 25
1×6 = 6   2×6 = 12  3×6 = 18   4×6 = 24   5×6 = 30   6×6 = 36
1×7 = 7   2×7 = 14  3×7 = 21   4×7 = 28   5×7 = 35   6×7 = 42   7×7 = 49
1×8 = 8   2×8 = 16  3×8 = 24   4×8 = 32   5×8 = 40   6×8 = 48   7×8 = 56   8×8 = 64
1×9 = 9   2×9 = 18  3×9 = 27   4×9 = 36   5×9 = 45   6×9 = 54   7×9 = 63   8×9 = 72   9×9 = 81
```

【例 4-20】 找出 1000 以内所有的完数。

【分析】

完数(perfect number)是一种特殊的自然数,它所有的因子和(不包括自身)恰好等于它本身。1000 以内的完数有 6、28 和 496。

外层循环 x 遍历 1～1000 的所有整数,内层循环对每一个取得的整数 x 求取它的因子之和,退出内层循环后,如果因子和等于数 x 本身,则 x 为完数,输出 x。

所以对取到的每个整数 x:

(1) 将存放因子和的变量 sum 值初始化为 0。

(2) 通过 for 循环求 x 的因子 y 并累加到 sum 中。

(3) 判断,如果 sum 等于整数 x 则输出 x。

【参考代码】

```
for x in range (1,1001):
    sum = 0 # 因子和赋初值 0
    for y in range(1,x//2 + 1):        # 因子范围为 1～原数的一半
        if x/y == x//y:                # 判断 y 是否为因子
            sum = sum + y              # 计算因子和
    if sum == x:                       # 因子和与原数相等则为完数
        print(x)
```

程序执行结果:

```
6
28
496
```

4.3.4 循环终止

如果循环语句的条件表达式永远不为 False,就会导致无限循环(也称为死循环)的情况。无限循环在网络服务端程序设计中非常有用,但是在大部分时候,在程序设计中应当尽量避免。一旦出现无限循环可以通过按 Ctrl+C 组合键,或者通过关闭 Python 语言调试窗口强制退出循环。

【例 4-21】 无限循环示例。

【参考代码】

```
while True:
    num = int(input('请输入一个整数:'))
    if num == 0:break              ♯ 判断,当输入数据为 0 时,退出
    print('你输入的数字是:',num)
    print('按 Ctrl+C 组合键强制退出循环')
```

这段程序将根据输入数据进行输出,由于条件始终为真,程序将无限循环执行下去。如果想在执行过程中退出循环以结束程序运行,可使用 break 语句。

1. break 语句

break 语句可以不判断条件,强制退出 for 和 while 循环语句的循环体。

【语法格式】

```
break
```

【说明】

break 语句用来终止循环语句,即在循环条件值不为 False 或者循环控制器还没被完全遍历时,停止执行循环语句,即在循环语句的循环体中,当执行到 break 语句时,直接结束该循环语句的执行,转到执行紧跟该循环语句之后的语句。注意,break 语句只能用在循环语句中,不能用在其他语句中。

break 语句一般与特定条件相配合,以便当条件满足时,达到退出循环的目的。

【例 4-22】 修改例 4-21,将"输入整数 num 为 0"作为退出循环的条件。

【参考代码】

```
while True:
    num = int(input('请输入一个整数:'))
    if num == 0:break      ♯ 判断,当输入为 0 时,退出
    print('你输入的数字是:',num)
```

运行时,当输入为 0 时,退出循环。

2. continue 语句

用 continue 语句可以跳过一条循环语句中的剩余语句,达到退出本次循环的目的。

【语法格式】

```
continue
```

【说明】

continue 语句同样用在循环语句的循环体中,其作用是结束本次循环,准备开始下一次循环。

【例 4-23】 输出字符串中的非数字字符。

【分析】

将输入的字符串根据是否为数字决定是否加入输出字符串

【参考代码】

```
st = input("请输入一个字符串:")        # 从键盘接收字符串
st_letter = ""                          # 字符串初始为空串
for ch in st:                           # ch 取字符串中的每一个字符
    if '0'<= ch <= '9':continue         # 判断,当 ch 为数字时,跳过后续语句,返回循环条件判断
    st_letter += ch                     # st_letter = st_letter + ch,将字符加入结果串
print(st_letter)
```

程序执行结果:

```
请输入一个字符串:a97b90c97d8ef786
abcdef
```

【例 4-24】 将例 4-23 中 continue 改为 break,观察执行结果的差异。

【参考代码】

```
st = input("请输入一个字符串:")        # 从键盘接收字符串
st_letter = ""                          # 字符串初始为空串
for ch in st:                           # ch 取字符串中的每一个字符
    if '0'<= ch <= '9':break            # 判断,当 ch 为数字时,跳出循环
    st_letter += ch                     # st_letter = st_letter + ch,将字符加入结果串
print(st_letter)                        # 输出结果
```

程序执行结果:

```
请输入一个字符串:a97b90c97d8ef786
a
```

注意,break 语句与 continue 语句二者之间的区别:前者是结束循环,而后者是结束本次循环。结束本次循环后,是否继续循环,要看循环条件是否满足。

4.3.5　循环中的 else 子句

如前所述,循环条件不成立或循环控制器遍历结束可以直接退出循环,在循环过程中遇到了 break 语句也能退出。正常退出循环将执行循环语句的后续语句。

Python 语言中无论是 while 循环还是 for 循环,其后都可以紧跟着一个 else 分支。循环结构添加 else 分支,使得跳出循环时可以先执行 else 分支中的代码。

```
for 循环变量 in 循环控制器：
    语句块
else…
```

或者

```
while 条件表达式：
    语句块
else…
```

【说明】

带 else 的循环语句表示当条件满足时,执行循环部分;而当循环条件不满足时执行 else 子句,即当循环条件表达式不成立,或者是循环控制变量遍历结束而自然退出时,将执行 else 结构中的语句。如果循环是因为 break 语句导致提前结束时,则不会执行 else 结构中的语句,即循环异常结束没有执行到循环条件不满足时,将不执行 else 语句。而使用 continue 关键字结束本次循环,进入下一次循环后,当循环语句正常执行到结束,也将执行 else 分支语句。

注意,因为有 break 等终止循环的语句存在,所以退出循环有完成所有循环和中途退出两种情况。要想知道是哪种原因导致循环退出,可以自行设置一个标志,然后在循环退出时进行检查,也可以使用 else 子句。

【例 4-25】 找出 2～10 的素数。

【分析】

对 2～10 的数依次判断是否存在因数,如果有则不是素数。

【参考代码】

```
print ('素数有:',end = '')
for n in range(2, 11):        # 依次获取 2～10 的数据 n
    for x in range(2,n):      # 依次获取 2～n 的数据 x
        if n%x == 0:          # 判断是否找到 n 的因数 x
            break             # 有因数表示非素数,退出
    else:
        print(n,end = '')     # 没找到因数即为素数,输出
```

程序执行结果:

```
素数有:2 3 5 7
```

这里若没有找到数 n 的因数,就没有执行到 break 语句,则循环控制器遍历完后执行 else 分支输出素数 n;一旦找到数 n 的因数,利用 break 退出循环,则不执行 else 分支语句。

4.3.6 应用实例

【例 4-26】 设计一个程序,求 Fibonacci 数列的前 40 项。

【分析】

求 Fibonacci 数列的计算公式为：
$$\begin{cases} f_1 = 1 \\ f_2 = 1 \\ f_n = f_{n-1} + f_{n-2} \quad (n > 2) \end{cases}$$

当 $n = 1$ 时，第一项的值为 1；

当 $n = 2$ 时，第二项的值也为 1；

当 $n > 2$ 时，由通式可知，第 n 项值为第 $n-2$ 项与第 $n-1$ 项的值相加。

【参考代码】

```python
nterms = int(input("数列项数?"))      # 输入数据
n1 = 1                               # 第一项和第二项
n2 = 1
count = 2
if nterms <= 0:                      # 判断输入的值是否合法
    print("请输入一个正整数。")
elif nterms == 1:
    print("Fibonacci:",n1)
else:
    print("Fibonacci:",n1,",",n2,end = " , ")
    while count < nterms:
        nth = n1 + n2
        print(nth,end = " , ")
        n1 = n2                      # 更新值
        n2 = nth
        count += 1
```

程序执行结果：

```
数列项数? 10
Fibonacci: 1 , 1 , 2 , 3 , 5 , 8 , 13 , 21 , 34 ,
```

【例 4-27】 输出 2～100 的所有素数。

【分析】

首先 2、3 是素数。因偶数不是素数，所以，只要依次判断 5～100 的每一个奇数是否为素数。给定一个奇数 a，判断它是否为素数的方法是：将 a 分别除以 2，3，4，5，…，$a-1$；仅当 a 不能整除其中的任一个数时，a 才是素数；否则，a 不是一个素数。可以利用列表存放素数，初始列表为空，通过 append() 方法添加列表元素，最后输出列表。

【参考代码】

```python
num = []                # num 为一个空列表,用于存放素数
i = 2
for i in range(2,100):
    j = 2
    for j in range(2,i):
        if(i % j == 0):
            break
    else:
        num.append(i)   # 将素数添加到列表尾部
print(num)              # A,输出列表
```

程序执行结果:

```
[2, 3, 5, 7, 11, 13, 17, 19, 23, 29, 31, 37, 41, 43, 47, 53, 59, 61, 67, 71, 73, 79, 83, 89, 97]
```

若想限定每行输出 5 个素数,可将行 A 改为

```
k = 0                                   # 记录输出素数的个数
for i in num:                           # 输出列表中每一个元素
    print ("{:10d}".format(i),end = '') # 按 10 个字符宽度右对齐输出
    k += 1                              # 记录输出的个数
    if(k % 5 == 0):print()              # 输出 5 个素数换一行
```

程序执行结果:

```
     2         3         5         7        11
    13        17        19        23        29
    31        37        41        43        47
    53        59        61        67        71
    73        79        83        89        97
```

【例 4-28】 一件盗窃刑事案件中,警察通过排查确定了 4 个嫌疑犯中的一个。4 个嫌疑犯的供词如下。A 说不是自己;B 说是 C;C 说是 D;D 说 C 在胡说。已知 3 个人说的是真话,1 个人说的是假话。

【分析】

小偷必是 4 个人中的一个,D 说的"C 在胡说"意味着他不认为自己是小偷。可将这些人的编号存入字符串中,并使用 for 循环语句来遍历所有编号,对每个人的说法进行判断,如果某人说的是真话,则关系表达式的值为 True,可以转换为整数 1。在循环体中,用 if 语句判断是否满足"3 个人说的是真话"的条件,如果满足,则输出结果。

【参考代码】

```
for who in "ABCD":
    if (who != "A") + (who == "C") + (who == "D") + (who != "D") == 3:
        print("{}是小偷".format(who))
```

程序执行结果:

```
C是小偷
```

4.4 异 常 处 理

4.4.1 基本概念

编写的程序在执行过程中常会出现一些问题,造成出错,这可能是引用了未定义的变量,或者是访问了字典中不存在的键,或者是用读模式打开了一个不存在的文件等。出错将会导致程序终止运行,并输出错误信息。这些影响程序正常执行的错误就是异常。所以说异常就是在程序执行过程中发生的一个影响程序正常执行的事件。

一般情况下,在 Python 语言无法正常处理程序时就会发生一个异常。异常是 Python 语言对象,表示为一个错误,如图 4-7 所示。当 Python 语言脚本发生异常时需要捕获并处理它,否则程序会终止执行。

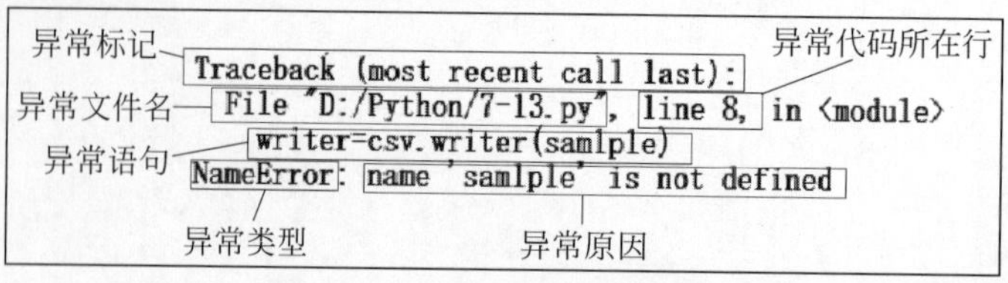

图 4-7　程序异常提示信息

在 Python 语言中,不同的异常被定义为不同的对象,对应不同的错误。表 4-1 所示为 Python 语言中几种常见的异常及其描述。Python 语言提供了一套完整的异常处理方法,可以用来对各种可预见的错误进行处理。异常会立刻终止程序的执行,无法实现原定的功能。但是,如果在异常发生时能及时捕获并做出处理,就能控制异常、纠正错误、保证程序的顺利执行。

表 4-1　常见异常

异 常 名 称	描　　述
AttributeError	对象没有指定属性
ImportError	导入模块/对象失败
IndentationError	缩进错误
IndexError	超出对象索引的范围时,即序列中没有此索引
IOError	输入输出操作失败
KeyboardInterrupt	用户中断执行(通常是输入 Ctrl+C)
KeyError	映射中没有指定键,即在字典中查找一个不存在的 key
NameError	未声明/初始化对象(没有属性),即访问一个不存在的变量
OSError	操作系统错误
OverflowError	数值运算超出最大限制
ReferenceError	弱引用(weak reference)试图访问已经被垃圾回收的对象
RuntimeError	一般的运行时错误
SyntaxError	Python 语法错误
TabError	Tab 键和空格混用
TypeError	对类型无效的操作,指类型错误,通常是不同类型之间的操作
ValueError	传入无效的参数
ZeroDivisionError	除(或取模)0(所有数据类型)

4.4.2　try-except 语句

在 Python 语言中,异常处理通常采用 try-except 语句来实现。这条语句由 try 子句和 except 子句两部分组成,可以用来检测 try 语句块中的错误,从而让 except 子句捕获异常信息并加以处理。只要在 try 中捕获到异常,就可以确保异常发生时不会结束程序运行。按照异常处理分支的数目,try-except 语句可以分为单分支异常处理和多分支异常处理。

1. 单分支异常处理

【语法格式】

```
try:
    语句块 1
except [异常名称]:
    语句块 2
```

【说明】

这里 try 和 except 是关键字,注意这两行必须以冒号结尾;语句块 1 是正常操作但包含可能会引发异常的语句,语句块 2 是发生异常时执行的异常处理语句,用于对异常进行处理,异常名称可以省略。语句块 1 和语句块 2 都可以是单条语句或多条语句。使用单条语句时,可以与 try 或 except 位于同一行;使用多条语句时,这些语句必须具有相同的缩进量。

单分支异常处理语句可以指定异常名称,以便针对该异常进行相应的异常处理。若未指定异常类型,则对所有异常不加区分进行统一处理。其执行流程如下:执行 try 后面的语句块 1,如果未发生异常,则执行 try-except 语句的后续语句;如果引发异常,则转向语句块 2 进行异常处理,然后执行 try-except 语句的后续语句。

【例 4-29】 从键盘输入 a 和 b,求 a 除以 b 的结果并输出。

【分析】

从键盘输入除数,就有可能会输入 0,而除数为 0 是个很严重的错误,应该进行 ZeroDivisionError 异常的捕获和处理。在编程过程中,将进行除法运算的代码放在 try 子句中,而将异常处理的代码放在 except 子句中,各种类型的错误在这里可以进行统一处理。

【参考代码】

```
# 从键盘接收被除数和除数
x = eval(input("请输入被除数:"))
y = eval(input("请输入除数:"))
try:  # 没有异常执行以下语句
    z = x/y
    print("x = %.2f,y = %.2f" % (x,y))
    print("z = x/y = %.2f" % (z))
except ZeroDivisionError:           # 发生除 0 异常
    print("除数不能为 0!")          # 输出错误信息
```

程序执行结果:

```
① 请输入被除数:2
   请输入除数:3
   x = 2.00,y = 3.00
   z = x/y = 0.67
② 请输入被除数:2
   请输入除数:0
   除数不能为 0!
```

程序运行两次,第一次运行程序时,输入的除数非 0,没有触发任何异常,程序执行了 try 子句部分,顺利输出了 2 除以 3 的结果。第二次运行输入的除数为 0,程序捕获到了 ZeroDivisionError 异常并输出了出错信息"除数不能为 0!"。

2. 多分支异常处理

【语法格式】

```
try:
    无异常执行语句块
except <异常名称 1>:
    出现异常名称 1 的异常处理语句块
except <异常名称 2>:
    出现异常名称 2 的异常处理语句块
…
except:
    默认异常处理语句块
else:
    未发生异常语句块
```

【说明】

try 后面的语句块包含可能引发异常的语句；各个异常类用以指定待捕获的异常类型；语句块、异常处理语句块以及默认异常处理语句块都可以包含单条或多条语句，使用单条语句时，可以与 try 或 except 位于同一行；使用多条语句时，这些语句必须具有相同的缩进量。

多分支异常处理语句可针对不同的异常类型进行不同的处理，其执行流程如下：执行 try 后面的语句块，如果未发生异常，则执行 else 后面的语句块，然后执行 try-except 语句的后续语句；如果引发异常，则从<异常名称 1>开始依次检查各个 except 语句查找匹配的异常类型；如果找到了，则执行相应的异常处理语句块；如果未找到，则执行最后一个 except 语句中的默认异常处理语句块；异常处理完成后执行 try-except 语句的后续语句。

异常处理不能"消灭"异常本身，但是却可以让原本不可控的异常及时被发现，并按照设计好的方式被处理。

【例 4-30】 用多分支异常处理方法实现例 4-29。

【分析】

从键盘输入两个整数，然后进行除法运算。在输入过程中可能会出现各种错误，例如除数为 0、输入了非数字内容等。在编程过程中，将进行除法运算的代码放在 try 子句中，而将异常处理的代码放在不同的 except 子句中，这样可以根据错误类型的不同分别进行不同的处理。

【参考代码】

```
# 从键盘接收被除数和除数
try:  # 执行以下语句查看是否有异常
    x = eval(input("请输入被除数:"))
    y = eval(input("请输入除数:"))
    z = x/y
    print("x = %.2f,y = %.2f" % (x,y))
    print("z = x/y = %.2f" % (z))
except ZeroDivisionError:          # 发生除 0 异常
    print("除数不能为 0!")          # 输出错误信息
except TypeError:                  # 发生类型异常
    print("数据类型错误!")          # 输出错误信息
```

```
except:
    print("程序发生异常!")
else:
    print("程序正常结束.")
```

异常处理让程序不会因意外而终止,而是按照设计以不同的方式结束运行。在这个设计中,except 后的异常类型至关重要,需要根据 try 子句的具体操作进行恰当的选择。如果实在不确定异常的类型,可以用通用的异常对象 Exception 来捕获。

程序执行结果:

```
①  请输入被除数:10
    请输入除数:2.5
    x = 10.00,y = 2.50
    z = x/y = 4.00
    程序正常结束.
②  请输入被除数:100
    请输入除数:a
    程序发生异常!
③  请输入被除数:2
    请输入除数:0
    除数不能为 0!
```

4.4.3 try-finally 语句

Python 语言的异常处理机制还提供了一个 finally 语句,通常用来为 try 块中的程序做扫尾清理工作。需要注意的是,和 else 语句不同,finally 只要求和 try 搭配使用,其功能是:无论 try 块是否发生异常,最终都进入 finally 语句,并执行其中的代码块。基于这种特性,finally 语句常用在当 try 块中的程序打开了一些物理资源(例如文件、数据库连接等)时,执行对应的资源回收工作。

【语法格式】

```
try:
    无异常执行语句块
except <异常名称 1>:
    出现异常名称 1 的异常处理语句块
else:
    未发生异常语句块
finally:
    语句块
```

【说明】

无论是否发生了异常,都在离开 try 语句之前执行 finally 子句。

【例 4-31】 整数除法中的异常处理。

【分析】

本例仍然完成整数除法运算,即从键盘输入两个整数,然后进行除法运算,增加一个 finally 子句。

【参考代码】

```
# 从键盘接收被除数和除数
try:  # 执行以下语句查看是否有异常
    x = eval(input("请输入被除数:"))
    y = eval(input("请输入除数:"))
    z = x/y
    print("x = %.2f,y = %.2f" % (x,y))
    print("z = x/y = %.2f" % (z))
except ZeroDivisionError:          # 发生除 0 异常
    print("除数不能为 0!")          # 输出错误信息
except TypeError:                   # 发生类型异常
    print("数据类型错误!")          # 输出错误信息
except:
    print("程序发生异常!")
else:
    print("程序正常结束.")
finally:
    print("finally 程序结束.")
```

程序执行结果:

```
① 请输入被除数:12
   请输入除数:4
   x = 12.00,y = 4.00
   z = x/y = 3.00
   程序正常结束.
   finally 程序结束.
② 请输入被除数:12
   请输入除数:0
   除数不能为 0!
   finally 程序结束.
③ 请输入被除数:12
   请输入除数:a
   程序发生异常!
   finally 程序结束.
```

4.5　搜索与排序

　　所谓搜索就是在一批数据中查找指定数据,而排序就是将已有数据按照一定规则进行重新排列成为有序数据,这是数据处理过程中常见的两类任务。

4.5.1　搜索

1. 顺序搜索

在所有数据中查找指定数据,简单的方法是按照顺序依次查找,直到找到要寻找的目标为止。

【例 4-32】　在已知数据集合 num 中,按指定数据顺序搜索数据 n。

【分析】

从键盘接收要查找的数据 n,使用 for…in 循环,在数据集 num 中查找 n。如果 num 的某个单元值 m 与 n 相等,表示找到数据,且置 found 为 True,同时利用 break 结束循环。如果在整个 num 都没有找到数据 n,则 found 为 False。根据 found 的取值输出查找结果。

【参考代码】

```
num = [1,23,32,54,8,71,19,20,8]          # 数据集合
while True:
    n = int(input("\n请输入要查找的数据(输入0退出):"))
    if n == 0 :break                      # 输入为0时退出
    found = False                         # 初值
    for m in num:                         # 依次查找
        if m == n:                        # 如果相等,则表示找到
            found = True                  # 改值为真
            break                         # 退出
    if found:                             # 如果为真,则表示找到
        print("找到数据 % d" % n)
    else:                                 # 为假表示未找到
        print("没找到数据 % d" % n)
```

程序执行结果:

```
请输入要查找的数据(输入0退出):1
找到数据 1
请输入要查找的数据(输入0退出):2
没找到数据 2
请输入要查找的数据(输入0退出):0
```

如果需要返回查找到的数据 n 在数据集 num 中的位置,可将程序进一步修改。

【例 4-33】 查找指定元素的位置。

【分析】

使用 range() 函数来建立 num 数据集中元素的索引值。数据集 num 中的数据可描述为对应索引的有序序列,len(num) 给出 num 中所有元素的总数,range(len(num)) 所建立的序列就是从 0 到 len(num)−1,刚好对应全部元素的索引值。程序中 n 所在的位置用 m 来表示,与列表中元素索引值相同,从左向右从 0 开始。

【参考代码】

```
num = [1,23,32,54,8,71,19,20,8]          # 数据集合
while True:
    n = int(input("\n请输入要查找的数据(输入0退出):"))
    if n == 0 :break                      # 输入为0时退出
    found = False                         # 初值
    for m in range(len(num)):             # 依次查找
        if n == num[m] :                  # 如果相等,则表示找到
            found = True                  # 改值为真
            break                         # 退出
    if found:                             # 如果为真,则表示找到
        print("找到数据 % d,在第 % d 位" % (n,m))
    else:                                 # 为假表示未找到
        print("没找到数据 % d" % n)
```

127

第4章

程序执行结果：

```
请输入要查找的数据(输入 0 退出):1
找到数据 1,在第 0 位
请输入要查找的数据(输入 0 退出):2
没找到数据 2
请输入要查找的数据(输入 0 退出):0
```

2. 最值搜索

有时候会需要在一个数据集中寻找最大或最小的值。同样地,如果不需要给出最值所在的位置,可以直接遍历列表的每个元素;而如果需要给出位置,就需要用下标来做搜索。

【例 4-34】 搜索最大值所在的位置。

【分析】

这里数据集从键盘输入,保存为列表,列表初始为空。利用循环通过比较数据集中的每个值,并将最大的值存储在一个变量中,从而最终找到最大值。第一个数确定为最大值,则 max_id 的初值为 0,for 循环通过遍历整个列表将列表中的每个数与 max_id 对应的数据相比,如果较大,则将其序列值赋予 max_id,否则忽略,循环结束后 max_id 中存储的就是最大值的索引值。

【参考代码】

```python
num = []
i = 1
while True:
    print("请输入第 % d 个数据(输入 0 结束)" % i,end = "")
    i += 1
    x = int(input())
    if x == 0:
        break
    num.append(x)
max_id = 0
for i in range(1,len(num)):
    if num[i]> num[max_id]:max_id = i
print("最大值为第 % d 个数据 % d" % (max_id + 1,num[max_id]))
```

程序执行结果：

```
请输入第 1 个数据(输入 0 结束)2
请输入第 2 个数据(输入 0 结束)43
请输入第 3 个数据(输入 0 结束)5
请输入第 4 个数据(输入 0 结束)47
请输入第 5 个数据(输入 0 结束)87
请输入第 6 个数据(输入 0 结束)23
请输入第 7 个数据(输入 0 结束)9
请输入第 8 个数据(输入 0 结束)0
最大值为第 5 个数据 87
```

3. 二分搜索

二分搜索是一种在有序序列中查找某一特定元素的搜索算法。搜索过程从序列的中间元素开始,如果中间元素正好是要查找的元素,则搜索过程结束;如果某一特定元素大于或者小于中间元素,则在序列大于或小于中间元素的那一半中查找,而且同开始一样从中间元素开始比较。如果在某一步骤序列为空,则代表没有找到。这种搜索算法每次比较都使搜索范围缩小一半。

【例 4-35】 若有序序列为[4,12,28,39,49,49,56,66,98],利用二分搜索查找 28。

【分析】

设要查找的数据为 K,查找数据列表 num 区间为有 n 个数,采用列表的索引值标识每一个数据初始区间为 0~n−1。

(1) 确定该区间的中点位置:mid=(low+high)/2。

(2) 将待查的 K 值与 num[mid]比较:若相等,则查找成功并返回此位置,否则须确定新的查找区间,继续二分查找,具体方法如下。

① 若 num[mid]>K,则由表的有序性可知 num[mid]~num[high]均大于 K,因此若序列中存在数据等于 K,则该数据必定是在位置 mid 的左子序列 num[0]~num[mid−1]中,故新的查找区间是左子序列 num[0]~num[mid−1]。

② 类似地,若 num[mid]<K,则要查找的 K 必在 mid 的右子序列 num[mid+1]~num[high]中,即新的查找区间为右子序列 num[mid+1]~num[n−1]。

③ 新一次查找是针对新的查找区间进行的。

因此,从初始的查找区间 num[0]~num[n−1]开始,每经过一次与当前查找区间中点位置上的数据比较,就可确定查找是否成功,不成功则当前的查找区间就缩小一半。重复这个过程直至找到数据 K,或者直至当前的查找区间为空(即查找失败)时为止。

由于这样的搜索,每次都把数据集分成两部分,因此称为二分搜索。

本例中,数据序列为 num=[4,12,28,39,49,49,56,66,98],查找数据为 28,获取序列中间位置数 num[(0+8)//2]=49,因为 28 小于 49,所以查找范围缩至 num[0]~num[3],再次取中间位置数 num[(0+3)//2]=12,因为 28 大于 12,所以查找范围缩至 num[2]~num[3],再次取中间位置数 num[(2+3)//2]=28,找到数据 28。

为了在程序中表达这个过程,用两个变量 low 和 high 分别表示正在搜索的序列上下界。显然开始时,low=0 而 high=len(num)−1。这样,中间的位置就是 mid=(low+high)//2。若 num[mid]>K,则令 high=mid−1,就把搜索的范围缩小为左边的一半;num[mid]<K,则令 low=mid+1,就把搜索的范围缩小为右边的一半。当 num[mid]与 K 值相等则找到数据,否则随着查找范围的逐步缩小,low 和 high 的值逐步靠近,所以可以将循环条件设置为 low 小于或等于 high。

【参考代码】

```
num = [4,12,28,39,49,49,56,66,98]    # 数据集合
low = 0                               # 初始设为列表第一个元素的索引值 0
high = len(num) - 1                   # 初始设为列表随后一个元素的索引值 0
found = False
n = int(input("请输入要查找的数据:"))  # 从键盘输入要查找的数据
while low <= high:
    mid = (low + high)//2             # 计算中间位置
    if num[mid] > n:                  # 与中间位置数据进行比较,若小则说明数据在左子序列
        high = mid - 1                # 左子序列,修改 high 值
    elif num[mid] < n:                # 与中间位置数据进行比较,若大则说明数据在右子序列
        low = mid + 1                 # 右子序列,修改 low 值
    else:                             # 若找到则退出
```

程序控制结构

```
            found = True
            break
if found:
    print("数据%d位于第%d位"%(n,mid))
else:
    print("数据%d不存在"%n)
```

程序执行结果：

① 请输入要查找的数据:28
   数据 28 位于第 2 位
② 请输入要查找的数据:2
   数据 2 不存在

4.5.2 排序

排序是利用计算机完成的一类常用操作,其目的是将一组"无序"的记录序列调整为"有序"的记录序列。排序算法就是如何使得记录按照要求排列的方法。排序的算法有很多,对空间的要求及其时间效率也不尽相同,一个优秀的排序算法可以节省大量的资源。

1. 选择排序

选择排序是一种简单直观的排序算法,它首先在未排序序列中找到最小(大)元素,存放到排序序列的起始位置,然后再从剩余未排序元素中继续寻找最小(大)元素,然后放到已排序序列的末尾。以此类推,直到所有元素均排序完毕。

【例 4-36】 利用选择排序法对数据集 num = [49,39,66,98,75,12,28,56,4]进行升序排序。

【分析】

先在数据集中找最小值 4 的位置索引值为 9,该数应该存放于索引值为 0 的位置,所以交换 4 和 49,数据排列变为[4,39,66,98,75,12,28,56,49],然后在剩下的数据中继续寻找最小值,交换到它应该在的位置,重复上述过程,最终把数据集排好顺序,如图 4-8 所示。

初始值:	49	39	66	98	75	12	28	56	4
第1趟:	4	39	66	98	75	12	28	56	49
第2趟:	4	12	66	98	75	39	28	56	49
第3趟:	4	12	28	98	75	39	66	56	49
第4趟:	4	12	28	39	75	98	66	56	49
第5趟:	4	12	28	39	49	98	66	56	75
第6趟:	4	12	28	39	49	56	66	98	75
第7趟:	4	12	28	39	49	56	66	98	75
第8趟:	4	12	28	39	49	56	66	75	98

图 4-8　选择排序示例

【参考代码】

```
A = [49,39,66,98,75,12,28,56,4]
print("原始数据:\n",A)
for i in range(len(A)):
    min_id = i
```

```
    for j in range(i + 1, len(A)):                   # 在剩余数据中查找最小数
        if A[min_id] > A[j]:
            min_id = j
    A[i], A[min_id] = A[min_id], A[i]                 # 交换位置
print("排序后的数据:\n",A)
```

程序执行结果:

```
原始数据:
[49, 39, 66, 98, 75, 12, 28, 56, 4]
排序后的数据:
[4, 12, 28, 39, 49, 56, 66, 75, 98]
```

选择排序通常适用于数据量小的场合。

2. 冒泡排序

冒泡排序也是一种简单直观的排序算法。它重复访问要排序的序列,一次比较两个元素,如果排列顺序错误则进行交换。访问序列的工作重复进行,直到没有再需要交换的数为止,此时该数列排序完成。这个算法的名字由来是因为越小的元素会经由交换慢慢"浮"到数列的顶端。

【例 4-37】 利用冒泡排序方法对数据集 num＝[49,39,66,98,75,12,28,56,4]进行升序排序。

【分析】

依次比较相邻的两个数,将小数放在前面,大数放在后面(每当两相邻的数比较后发现它们的排序与排序要求相反时,就将它们互换)。具体如下:首先比较第 1 个数 49 和第 2 个数 39,将小数 39 放在前面,大数 49 放在后面。然后比较第 2 个数 49 和第 3 个数 66,将小数 49 放在前面,大数 66 放在后面,重复上述过程,直至比较到最后两个数,完成第一趟。如此下去,重复以上过程,直至最终完成排序,如图 4-9 所示。

```
初始值: 49  39  66  98  75  12  28  56   4
第1趟:  39  49  66  75  12  28  56   4  98
第2趟:  39  49  66  12  28  56   4  75  98
第3趟:  39  49  12  28  56   4  66  75  98
第4趟:  39  12  28  49   4  56  66  75  98
第5趟:  12  28  39   4  49  56  66  75  98
第6趟:  12  28   4  39  49  56  66  75  98
第7趟:  12   4  28  39  49  56  66  75  98
第8趟:   4  12  28  39  49  56  66  75  98
```

图 4-9 冒泡排序示例

【参考代码】

```
A = [49,39,66,98,75,12,28,56,4]
print("原始数据:\n",A)
for i in range(len(A)):
    for j in range(0, len(A) - i - 1):
        if A[j] > A[j + 1]:
            A[j], A[j + 1] = A[j + 1], A[j]
print ("排序后的数据:\n",A)
```

程序控制结构

程序执行结果：

```
原始数据:
[49, 39, 66, 98, 75, 12, 28, 56, 4]
排序后的数据:
[4, 12, 28, 39, 49, 56, 66, 75, 98]
```

本 章 小 结

程序流程控制结构包括顺序结构、选择结构和循环结构,由这 3 种基本流程控制结构组成的算法可以解决任何复杂的问题。顺序结构自上而下依次执行每条语句代码,中间没有任何判断和跳转。选择结构是根据条件判断的结果来选择执行不同的代码。循环结构是指根据条件来重复地执行某段代码或遍历循环控制器中的元素。

本章从程序的基本结构出发,重点介绍了使用 if 语句实现的选择结构和使用 while 语句、for 语句实现的循环结构及其应用,同时还阐述了 for 循环结合 range()函数用于遍历序列的方法,详解了利用 break 语句和 continue 语句实现循环结构跳转的应用以及异常的概念和简单的异常处理,并通过实例说明了异常处理的具体操作和常用的搜索与排序方法。

本 章 习 题

(1) 流程控制语句有几种? 简述对每种流程控制语句的理解。

(2) 写出嵌套 for 循环控制语句的语法和流程图。

(3) 编程:输入 3 个整数,把这 3 个数按由小到大的排序输出。

(4) 编程:学习成绩大于或等于 85 分用"优"表示,75～84 分用"良"表示,60～74 用"及格"表示,60 分以下用"不及格"表示。用键盘输入成绩,显示成绩等级。

(5) 编程:利用集合分析活动投票情况。第一小队有 5 名队员,序号是 1,2,3,4,5;第二小队也有 5 名队员,序号是 6,7,8,9,10。

输入得票字符串"1,5,9,3,9,1,1,7,5,7,7,3,3,1,5,7,4,4,5,4,9,5,10,9",输出第二小队没有得票的队员为"6 8"。

(6) 编程:输入一个整数,将整数中的数字升序输出,如输入 42375,输出 23457。

(7) 编程:接收一个时间,返回该时间的下一秒。如输入 18：21：59,表示 18 点 21 分 59 秒,下一秒就是 18 点 22 分 0 秒,输出"18：22：00"。

(8) 编程:生成一个长度为 4 的验证码,验证码由数字和英文字母随机组成。

第5章 函数与模块

在程序设计中,常将一些常用的功能模块编写成函数,放在函数库中供公共选用。函数的本质是一段已经封装、可重复使用、固定的程序段代码,或称其为一个子程序,在需要使用时可以直接调用,所以函数也可以说是许多代码的集合。函数可以接收数据(也就是参数),并根据数据的不同做出相应的操作,最后再反馈处理结果(也就是返回值)。通常函数有一个独一无二的名字,即函数名,只要知道函数名就能使用这段代码。通过使用函数可使得程序模块化,善于利用函数可避免大量编写重复代码,减少重复编写程序段的工作量,提高编程效率和代码的可读性。

5.1 函数的定义与使用

函数是结构化程序设计的核心。函数实体是一个能完成特定功能的代码块,可在程序中反复调用。用户使用函数能提高代码的模块性,减少程序的冗余代码,从而提高程序的加载效率。

Python 语言中,函数的应用非常广泛。前面章节中已经接触过多个函数,如 print()、len()函数等,这些都是 Python 语言的内置函数,可以直接使用。除了可以直接使用的内置函数外,Python 语言还支持自定义函数,即将一段有规律的、可重复使用的代码定义成函数,从而达到一次编写、多次调用的目的。

5.1.1 函数的定义

定义函数就是创建一个函数,也可以理解为创建一个具有某些用途的工具。

【语法格式】

```
def 函数名([形参列表]):
    //函数体,实现特定功能的多行代码
    [return [返回值]]
```

【说明】

定义函数需要用 def 关键字,其中,def、函数名、小括号及冒号必不可少。用"[]"括起来的形参列表、return 语句、返回值为可选择部分,即可以使用也可以省略。

其中各部分参数的含义如下。

(1)函数名:一个符合 Python 语言语法的标识符,不建议使用 a、b、c 这类简单的标识符作为函数名,函数名最好能够体现出该函数的功能,例如 get_price、compare_str 等。

（2）形参列表：设置该函数可以接收的零到多个参数，各参数之间用逗号","分隔。形参列表可以为空。没有形参的函数称为无参函数。

（3）[return [返回值]]：整体作为函数的可选部分，用于设置该函数的返回值。也可以不设置返回值，仅用 return 关键词来表示函数程序的结束。也就是说，一个函数可以有返回值，也可以没有返回值，是否需要根据实际情况而定。如果没有显式地设置返回值，包括没有 return 语句或者 return 语句没有带返回值，则函数默认返回 None。

（4）函数体：整体必须向右缩进，第一行可以选择性地使用文档字符串，用于存放函数说明，文档字符串通常是使用三引号注释的多行字符串。

【例 5-1】 定义一个比较字符串大小的函数。

【分析】

字符串比较可以利用关系运算符来进行，采用 compare_str 作为函数名（通常选择可体现函数功能的标识符）。

【参考代码】

```
def compare_str(str1, str2):
    bigger = str1 if str1 > str2 else str2
    return bigger
```

函数中的 return 语句也可以直接返回一个表达式的值。

【例 5-2】 修改例 5-1 中的 compare_str() 函数，省略中间变量 bigger。

【参考代码】

```
def compare_str(str1, str2):
    return str1 if str1 > str2 else str2
```

例 5-2 中函数的功能和例 5-1 中函数的功能是完全一样的，只是这样的函数虽然看起来更加简洁，但是损失了一定的可读性。

注意，在创建函数时，即使函数不需要参数，也必须保留一对空的"()"，否则 Python 语言解释器将提示 SyntaxError：invalid syntax 错误。

【例 5-3】 采用 hello 作为函数名，定义无参函数。

【参考代码】

```
def hello():
    print("Hello World!")
```

该函数没有参数，同时没有设置返回值，所以执行完函数后将返回默认值 None。

另外，如果想定义一个没有任何功能的空函数，还可以使用 pass 语句作为函数体：

```
def pass_method():
    pass
```

这样的空函数就是什么事情也不做，没有实际意义。但在程序开发中经常会使用空函数，其作用是在函数定义时表明，此处要定义某个函数但其实现代码尚未编写，即函数功能还未来得及实现，只是预留函数体，以便在函数调用处表示在此要调用该函数。

5.1.2 DocString 文档字符串

DocString 文档字符串是一个用于解释文档程序的重要工具,它使得程序文档更加简单易懂。尤其是在函数定义时,如果采用文档字符串来解释函数功能、参数含义、返回值类型等信息,将大大提高代码的可理解性。

函数的文档字符串一般由设计该函数的程序员编写。其实,函数中的文档字符串本质就是一段字符串。只不过作为函数的说明文档通常位于函数内部、所有代码的最前面,在函数体的第一行使用一对三个单引号(''')或者一对三个双引号(""")来定义文档字符串。

【例 5-4】 为例 5-1 定义的 compare_str()函数添加文档信息。

【参考代码】

```python
def compare_str(str1,str2):
    """Compare two strings.
    """
    bigger = str1 if str1 > str2 else str2
    return bigger
```

单行的文档字符串一般是用一个简短的语句描述函数的功能,习惯上以大写字母开头并以“.”结尾。如果需要多行文档字符串,书写惯例为:首行简述函数功能,第二行为空行,第三行开始为函数的具体描述(包括参数说明、函数作用等)。

【例 5-5】 多行文档字符串示例。

【参考代码】

```python
def compare_str(str1,str2):
    """Compare two strings.
    params:two strings.
    return: the bigger string.
    """
    bigger = str1 if str1 > str2 else str2
    return bigger
```

程序编写过程中,遇到问题可以通过调用 Python 语言的 help()内置函数或者__doc__属性,查看函数的说明文档:

```python
>>> help(compare_str)
    Help on function compare_str in module __main__:
    Compare two strings.
    params:two strings.
    return: the bigger string.
>>> compare_str.__doc__
    Compare two strings.
    params:two strings.
    return: the bigger string.
```

现在还有一些工具利用函数的文档字符串来自动生成在线文档,或者支持用户交互地审查程序。因此,对于程序员来说,在函数定义时详细写上文档字符串对函数进行注释是一个很好的编程习惯,方便自己和其他程序员更好地理解该函数的使用。

5.1.3　函数调用

调用函数即执行函数。如果把创建的函数理解为一个具有某种功能用途的工具,那么调用函数就相当于使用该工具的功能。函数调用时会执行函数定义中的代码。

在 Python 语言中,必须在函数调用之前定义函数,否则 Python 语言解释器会给出错误提示。一旦定义了函数,就可以在其他函数中或 Python 语言提示符状态下调用该函数。

注意,要调用该函数,要使用函数名称,其后跟括号。

【语法格式】

```
函数名([参数值])
```

【说明】

函数名指的是要调用函数的名称;参数值指的是当初创建函数时要求传递的各个参数的值,称为实参。如果该函数有返回值,则可以通过一个变量来接收返回值。如:

```
strmax = compare_str("string1", "string2")
```

一般情况下,定义函数有多少个形参,那么调用时就需要传入多少个实参,且顺序必须和定义函数时的形参顺序一致,参数的数据类型要保持兼容。

5.1.2 节例子中完成的 compare_str() 函数在定义时设置了两个形参,因此这里调用时也给出了两个字符串作为实参。此外,即便调用的函数没有参数,函数名后的小括号也不能省略。同时,由于 compare_str() 函数内部使用了 return 语句,因此可使用变量 strmax 来接收该函数的返回值。当然,不管函数定义里面有没有显式返回值,都可以不接收函数调用后的返回值。

【演示】　调用 5.1.1 节定义的 hello() 函数:

```
>>> hello()
    Hello World!
```

hello() 函数只是执行了输出"Hello World!"字符串,没有函数返回值。如果非要接收返回值,则会接收到默认值 None:

```
>>> ret = hello()
    Hello World!
>>> ret
    None
```

另外,对于空函数来说,由于函数本身并不包含任何可执行的代码,也没有返回值,因此调用空函数不会产生任何实际效果。

注意,函数定义和函数调用可以放在同一个程序文件中,此时函数定义必须位于函数调用之前。函数定义和函数调用也可以放在不同的程序文件中,此时需要首先导入函数定义所在的模块,然后才能进行函数的调用。

5.1.4　函数类型注释

Python 语言作为一种动态语言,变量类型不需要定义,而是通过赋值确定的。在程序执行过程中,变量随时可以被赋值,且能赋值为不同类型。这种灵活的动态特性有时给程序员带来了编程上的便利,但同时也有弊端需要注意。

【例 5-6】 变量类型对编程的影响。

【参考代码】

```
def add(x, y):
    return x + y
print(add(4, 5))
print(add('hello', 'world'))
print(add(4, 'hello'))
    ♯ 报错,TypeError: unsupported operand type(s) for + : 'int' and 'str'
```

程序执行结果:

```
9
helloworld
Traceback (most recent call last):
  File "D:/Python/ch51.py", line 5, in < module >
    print(add(4, 'hello'))
  File "D:/Python/ch51.py", line 2, in add
    return x + y
TypeError: unsupported operand type(s) for + : 'int' and 'str'
```

例 5-6 中,add()函数的两个参数 x 和 y 可接收多种类型的值,如两个 int 类型参数值或两个 str 类型参数值。但是,当参数被赋予错误类型值时,会造成函数运行的错误。例如 x 和 y 分别是 int 类型和 str 类型,而这种错误直到运行期间才显现出来,或者线上运行时才能暴露出来,这主要是因为 Python 语言在静态编译时并不会做这种类型检查。归根结底,这种类型错误的源头在于函数的使用者看到函数时,由于不清楚函数的设计,因此无法确定应该传入什么类型数据。

那么,如何解决这种动态语言定义的弊端呢?其中一种方法是在 DocString 文档字符串中标注各参数的类型要求。

【演示】 通过注释标注各参数的类型。

```
def add(x, y):
    """Add two int.
    :param x: int
    :param y: int
    :return: int
    """
    return x + y
```

另外一种方法是采用参数的类型注释。类型注释是 Python 3 引入的,用于支持对函数的部分或全部参数和返回值进行类型注解。

参数类型注释的方法是在形参名后面加":",然后追加类型。

返回值的类型注释格式为:在 def 语句的参数列表结尾的")"和 def 语句最后的":"中间,插入"->"以及返回值类型。如通过类型注释标注各参数的类型:

```
def add(x: int, y: int) -> int:
    return x + y
```

上述代码中,def 语句中的类型注释表示:形参 x 和 y 预期是 int 类型,且返回值预期也是 int 类型。

函数注解的信息具体保存在__annotations__属性中,该属性是一个字典,其中包括所设置的参数和返回值的期望类型:

```
>>> add.__annotations__
    {'x': <class 'int'>, 'y': <class 'int'>, 'return': <class 'int'>}
```

注意,类型注释只是对函数参数做一个辅助说明,并不对函数参数进行类型检查。在实际的编程过程中,有一些第三方工具能够利用类型注释信息做代码分析,发现隐形的类型缺陷问题。

当然,无论是文档字符串还是类型注释,都不是强制标准,并不要求程序员一定为函数提供这样的注释说明。但是,为函数定义标注详细而准确的类型说明能够大大降低类型错误发生的可能性,因此类型注释已经成为 Python 语言开发中的一种惯例行为。同时需要注意的是,一旦函数定义更新了,相应的注释说明要及时同步更新。

5.2　函　数　参　数

函数是通过函数的参数来接收外部传递来的数值,所以函数参数是函数与外部程序沟通的桥梁。如果在定义函数时指定了形参,则调用函数时就需要传入相应的实参。通过实参到形参的传递可以完成调用函数与被调用函数之间的数据传递。

5.2.1　参数传递格式

Python 语言函数调用时可以传入多种不同类型的参数到函数中,包括位置参数、关键字参数、默认值参数、元组类型变长参数、字典类型变长参数以及函数对象参数等,所以可接收的参数传递格式包含位置参数、关键字参数、默认值参数、不定长参数等。

1. 位置参数

位置参数要求在调用函数时实参必须以正确的顺序传入函数,即函数调用时实参的位置、数量和声明时的形参要保持一致。

【例 5-7】　利用位置参数调用 print_hello()函数。

【参考代码】

```
def print_hello(name, sex):
    sex_dict = {1: 'Sir', 2: 'Madam'}
    print('Hello %s %s!' % (name, sex_dict.get(sex)))
```

函数调用时,注意位置参数的顺序需要与函数定义时形参的顺序一致。如:

```
>>> print_hello('John', 1)
    Hello John Sir!
```

这种参数格式是最为常见、最为直观的。

2. 关键字参数

由于位置参数传入函数的实际参数必须与形参的数量和位置对应,因此使用中要受到一定约束。而关键字参数则可以避免牢记参数位置的麻烦,使得函数调用和参数传递更加灵活方便。而且关键字参数是通过"键=值"形式指定参数的值,让函数调用更加清晰易用。

关键字参数是指使用形参的名字来确定输入的参数值。通过此方式指定函数实参时,不再需要与形参的位置完全一致,即关键字参数与顺序无关,只要书写正确的参数名,Python 语言解释器就能够用参数名匹配参数值。因此,Python 语言函数中参数名的选择应该具有更好的语义,方便调用函数时可以明确传入函数每个参数的含义。

【演示】 利用关键字参数调用 print_hello()函数。

```
print_hello('John', sex = 1)
print_hello(name = 'John', sex = 1)
print_hello(sex = 1, name = 'John')
```

注意,以下函数调用方式是错误的:

```
print_hello(1, name = 'John')
print_hello(name = 'John', 1)
print_hello(sex = 1, 'John')
```

关键字参数和位置参数是可以混合使用的。通过上面的代码可以发现:当调用函数时位置参数和关键字参数同时存在时,位置参数必须在关键字参数之前,否则会出现语法错误。注意,位置参数的位置必须和形参定义时的顺序一致。但如果都是关键字参数,则不存在先后顺序。

3. 默认值参数

在调用函数时如果不指定某个参数,Python 语言解释器会给出异常错误。为了解决这个问题,Python 语言允许为函数参数设置默认值(或称缺省值),即在定义函数时,直接给形参指定一个默认值。这样即便调用函数时没有给拥有默认值的形参传递参数,也可以直接使用定义函数时设置的默认值来完成函数的执行。

【语法格式】

```
def 函数名(形参名 1,形参名 2,…,形参名 n = 默认值):
    ♯ 函数体
```

【说明】

采用默认值参数格式定义函数时,指定默认值的形参必须在参数表的最右端,即如果对一个形参设置了默认值,则必须对其右边的所有形参设置默认值,这样才能被 Python 语言解释器正确识别,否则会产生二义性,出现语法错误。当调用带有默认值参数的函数时,如果未提供参数值,则实参会取默认值完成函数执行。

【例 5-8】 将 print_hello()函数的 sex 参数设置为默认值 1。

【参考代码】

```
def print_hello(name, sex = 1):
    sex_dict = {1: 'Sir', 2: 'Madam'}
    print('Hello %s %s!' % (name, sex_dict.get(sex)))
```

该默认值参数表示如果函数调用时没有传入 sex 参数值,则使用默认值 1。

```
>>> print_hello('John')
    Hello John Sir!
```

相当于

```
>>> print_hello('John',1)
    Hello John Sir!
```

和关键字参数的规则类似,如果调用时实参有位置参数和默认值参数,则位置参数必须出现在默认值参数之前。

【演示】 错误的函数定义。

```
def print_hello(name = 'Default', sex):        # 这里默认值参数没有在形参列表中靠右放置
```

注意,函数定义时,所有带有参数默认值的参数,必须在不带有参数默认值的参数右边。

【例 5-9】 定义多个默认值参数的函数。

【参考代码】

```
def print_hello(name, sex = 1, age = 18):
    sex_dict = {1: 'Sir', 2: 'Madam'}
    print('Hello %s %s! You are %d years old.' % (name, sex_dict.get(sex), age))
```

该函数调用时,只有 name 参数值是必需的,而 sex 和 age 参数由于设置了默认值,因此对于这些默认值参数可以不赋予实参值,也可以给出部分或全部参数的值:

```
>>> print_hello("John")
    Hello John Sir! You are 18 years old.
>>> print_hello("Anna", 2)
    Hello Anna Madam! You are 18 years old.
>>> print_hello("John", 1, 17)
    Hello John Sir! You are 17 years old.
```

4. 不定长参数

有时候开发者不确定函数所需要的参数有几个,可能有时接收 3 个参数值,有时接收 5 个参数值。这种参数长度不一定的情况下,可以采用不定长参数来传递参数值。和上述其他参数传递格式不同,不定长参数在声明时不会为每个参数进行命名。

不定长参数有两种:一种是用“ * ”表示的形参,实参以元组的形式导入;另一种是带两个星号“ ** ”的形参,实参以字典的形式导入,均用于存放所有未命名的变量参数。

1) 元组类型变长参数

定义函数时,如果参数数目不固定,则可以定义元组类型变长参数,方法是在形参名称

前面加星号"＊",这样的形参可以用来接收任意多个实参并将其封装成一个元组。

这种元组类型的变长参数可以看成是可选项,调用函数时可以向其传递任意多个实参值,各个实参值之间用逗号分隔,但不必放在小括号中;也可以不提供任何实参,此时相当于提供了一个空元组作为实参。

注意,这类参数只能以位置参数的形式进行参数传递。如果函数还有其他形参,则必须放在这类变长参数之前。

【例 5-10】 用"＊"表示不定长参数示例。

【参考代码】

```
def print_fruits( * fruits):
    print(fruits)
    for fruit in fruits:
        print(fruit)
```

该函数被调用时,所有实参以元组的形式导入:

```
>>> print_fruits("apple", "banana", "orange")
    ('apple', 'banana', 'orange')
    apple
    banana
    orange
```

所以,若函数定义时存在位置参数,位置参数需要放在不定长参数的前面。

【例 5-11】 不定长参数与位置参数示例。

【参考代码】

```
def print_info( arg1, * vartuple ):
    print(arg1)
    print(vartuple)
```

调用 print_info()函数,程序执行结果:

```
>>> print_info(70, 60, 50)
    70
    (60, 50)
```

如果在函数调用时没有指定参数,它就是一个空元组,也可以不向函数传递未命名的变量,程序执行结果:

```
>>> print_info(10)
    10
    ()
```

2) 字典类型变长参数

定义函数时,还可以定义字典类型的变长参数,方法是在形参名称前面加两个星号"＊＊"。

调用函数时,定义的字典类型变长参数可以接收任意多个实参,各个实参之间以逗号分隔,实参将键和相应的实参值组成一个元素添加到字典中。如果未提供任何实参,则相当于提供了一个空字典作为参数。

注意,这类参数只能以关键字参数的形式进行参数传递。同样,如果函数还有其他形参,则必须放在这类变长参数之前。当元组类型变长参数和字典类型变长参数同时应用时,字典类型变长参数在后。

【例 5-12】 字典类型变长参数应用示例。

【参考代码】

```
def print_info(arg1, ** vardict):
    print(arg1)
    print(vardict)
```

这样参数值将以字典的形式导入,程序执行结果:

```
>>> print_info(1, a = 2, b = 3)
    1
    {'a': 2, 'b': 3}
```

5.2.2 参数传递规则

1. 参数的类型

在 Python 语言中,类型属于对象,变量本身是没有类型的。其中,数字、字符串和元组类型的对象是不可更改的,而列表和字典等类型的对象则是可以修改的。

(1) 不可变类型。例如,变量赋值 a=5 后再赋值 a=10,这里实际是新生成一个 int 类型的对象 10,再让变量 a 指向它,而原先的对象 5 被丢弃,即相当于新生成了 a 对象,而不是改变 a 的值。

(2) 可变类型。例如,变量赋值 alist=[1,2,3,4]后再赋值 alist[2]=5,则是将列表对象的第三个元素值进行更改,本身 alist 变量引用的内存地址没有变更,只是修改了引用对象内部的部分值。

那么,函数调用时,根据参数类型的不同,实参向形参的传递方式也有两种情况。

(1) 不可变类型参数。如数字、字符串和元组,实参传递给形参的方式属于值传递。函数参数进行传递后,若形参的值发生改变,则是新生成一个对象,不会影响实参的值。

(2) 可变类型参数。如列表和字典,实参传递给形参的方式属于引用传递。函数参数进行传递后,如果改变形参的值,实参的值也会一同改变,因为形参和实参引用了相同的内存空间。

2. 传递规则

定义函数时所指定的形参并不是具有值的变量,它所起的作用类似于占位符。只有在调用函数时,函数将实参的值传递给被调用函数的形参,形参才具有确定的值。为了能够正确传递参数,一般要求形参和实参数目相等,而且数据类型要保持兼容。

函数参数传递方式主要有两种类型,即值传递方式和引用传递方式。

(1) 当通过值传递方式传递参数时,将对被调用函数的形参变量重新分配存储空间,用于存放由调用函数传递过来的实参变量的值,从而形成实参变量的副本。在被调用函数中对形参变量的任何操作仅限于该函数内部,而不会对调用函数中的实参变量产生影响。

(2) 当通过引用传递方式传递参数时,将对被调用函数的形参变量分配存储空间,用于存储由调用函数传递过来的实参变量的地址。在被调用函数中对形参变量的任何操作将会对调用函数中的实参变量产生影响。

在 Python 语言中,函数参数传递机制采用的是对象引用传递方式,这种方式是值传递方式和引用传递方式的结合,在函数内部对形参变量所指向对象的修改是否会影响到函数外部,这要取决于对象本身的性质。

向函数传递参数时,如果参数属于可变对象(例如列表和字典),则在函数内部对形参变量的修改会影响函数外部的实参变量,这相当于引用传递方式;如果参数属于不可变对象(例如数字、字符串和元组),则在函数内部对形参变量的修改将不会影响函数外部的实参变量,这相当于值传递方式。

【例 5-13】 参数传递的变化。

【参考代码】

```
def func(obj):
    obj += obj
    print("形参值变更为:", obj)
print(" ------- 传递不可变类型参数 ----- ")
param = "参数字符串"
print("实参值为:", param)
func(param)
print("实参值变更为:", param)
print(" ------- 传递可变类型参数 ------- ")
param = [1, 2, 3]
print("实参值为:", param)
func(param)
print("实参值变更为:", param)
```

程序执行结果:

```
------- 传递不可变类型参数 -----
实参值为: 参数字符串
形参值变更为: 参数字符串
实参值变更为: 参数字符串
------- 传递可变类型参数 -------
实参值为: [1, 2, 3]
形参值变更为: [1, 2, 3, 1, 2, 3]
实参值变更为: [1, 2, 3, 1, 2, 3]
```

鉴于函数中可变类型的参数改变会影响外部实参的值,为了避免意想不到的函数调用副作用的产生,建议谨慎使用可变类型作为参数传递,尤其不建议使用可变类型对象作为参数的默认值。

5.3 函数返回值

Python 语言函数的返回值设置比较灵活。没有 return 语句或者 return 语句没有设置返回值的话,函数都将默认返回 None。而一般情况下,还是需要函数将处理的结果反馈回来,函数会向调用方传递任意类型的返回值。需要注意的是,return 语句在同一函数中可以出现多次，但只要有一次得到执行，就会直接结束函数的执行。

Python 语言函数甚至可以返回多个值。例如，在游戏中经常需要从一个点移动到另一个点，给出坐标、位移和角度，方便计算出新的坐标，这就可以通过函数的返回值返回点的坐标。

【例 5-14】 传递参数点坐标。

【参考代码】

```
def move(x, y, step, angle):
    nx = x + step * math.cos(angle)
    ny = y - step * math.sin(angle)
    return nx, ny
```

这里引用了 Python 语言 math 包中的 sin() 和 cos() 函数，用于计算位移后的坐标，新坐标 nx 和 ny 两个以函数返回值形式传递给调用函数，则调用函数也可以同时获得两个返回值。

程序执行结果：

```
>>> x, y = move(100, 100, 60, math.pi/6)
>>> print(x, y)
    151.96152422706632 70.0
```

事实上，多个返回值的现象只是一种假象，实际上 Python 语言将需要返回的多个对象以元组类型打包成单一对象进行返回，因此函数返回的仍然属于单一值。

【演示】 函数的返回值。

```
>>> r = move(100, 100, 60, math.pi/6)
>>> print(r)
    (151.96152422706632, 70.0)
```

可以看到，打包后的返回值是按照元组类型赋值给变量 r 的。如果是多个变量来接收返回值，则会再将元组类型的返回值解包后按位置一一赋值给每个变量，就像例 5-14 代码执行中的变量 x 和 y。

5.4 作 用 域

一个 Python 语言程序通常是由若干函数组成的，其中的每个函数都会用到一些变量，有的变量可以在文件的任意位置使用，而有的变量只能在某个函数内部使用。程序中对变量进行存取操作的范围称为变量的作用域。变量的作用域是由变量的定义位置决定的。在不同位置定义的变量，它的作用域是不一样的。

在 Python 语言中，变量按照作用域的不同一般分为局部变量（Local Variable）和全局变量（Global Variable），它们分别在函数作用域和模块作用域中使用。具体约束规则为：函数内部定义的局部变量只在函数内部使用；嵌套函数中外层函数定义的局部变量在外层函数和内层函数中都能够使用；全局变量是在模块中，所有函数之外定义的变量，可以在多个函数中使用。

5.4.1 函数作用域

在一个函数体或语句块内部定义的变量称为局部变量。局部变量的作用域就是定义它的函数体或语句块,即只能在这个作用域内部对局部变量进行存取操作,而不能在这个作用域外部对局部变量进行存取操作,其仅限于函数的作用域也称为局部作用域。同理,对于带参数的函数而言,其形参的作用域就是函数体。

当函数被执行时,Python 语言会为其分配一块临时的存储空间,所有在函数内部定义的变量都会存储在这块空间中。而在函数执行完毕后,这块临时存储空间随即会被释放并回收,该空间中存储的变量自然也就无法再被使用,所以函数内部的变量只在函数内部的局部作用域内存在。

【演示】 函数内部的局部作用域。

```
def func():
    var = "John"
    print("函数内部 var = ", var)
func()
print("函数外部 var = ", var)
```

程序执行时,最后一条语句报错:

```
函数内部 var = John
Traceback (most recent call last):
  File "D:/Python/ch51.py", line 5, in <module>
    print("函数外部 var = ", var)
NameError: name 'var' is not defined. Did you mean: 'vars'?
```

由于试图在函数外部访问函数内部定义的局部变量,因此这段代码执行时会报错。这也证实了当函数执行完毕后,其内部定义的变量会被销毁并回收。

需要注意的是,函数的参数也属于局部变量,只能在函数内部使用。

【演示】 函数参数的作用域。

```
def func(param):
    print("函数内部 param = ", param)
func(1)
print("函数外部 param = ", param)
```

参数同样不能在外部访问,因此最后一条语句依然报错。程序执行结果:

```
函数内部 param = 1
Traceback (most recent call last):
  File "D:/Python/ch51.py", line 4, in <module>
    print("函数外部 param = ", param)
NameError: name 'param' is not defined
```

定义一个函数时,也可以在其函数体中定义另一个函数,此时两个函数形成嵌套关系,内层函数只能在外层函数中被调用,而不能在模块级别中被调用。

在具有嵌套关系的函数中,在外层函数中定义的局部变量可以直接在内层函数中使用。

默认情况下,不属于当前局部作用域的变量具有只读性质,可以直接对其进行读取,但如果对其进行赋值,则 Python 语言会在当前作用域中定义一个新的同名局部变量。

如果在外层函数和内层函数中定义了同名变量,则在内层函数中将优先使用自身所定义的局部变量;在存在同名变量的情况下,如果要在内层函数中使用外层函数中定义的局部变量,则应使用关键字 nonlocal 对变量进行声明。

【例 5-15】 局部变量的测试。

【参考代码】

```
def out_def():                # 定义外层函数
    x = 1                     # 声明外层变量
    y = 2
    z = 3
    def in_def():             # 定义内层函数
        nonlocal x            # 声明使用外层变量
        x = 4                 # 对外层变量 x 赋值
        y = 5                 # 通过赋值方式说明变量 y
        print("函数 in_def()中:x = {0},y = {1},z = {2}".format(x,y,z))
    # 调用内层函数
    in_def()
    print("函数 out_def()中:x = {0},y = {1},z = {2}".format(x,y,z))
out_def()
```

程序执行结果:

```
函数 in_def()中:x = 4,y = 5,z = 3
函数 out_def()中:x = 4,y = 2,z = 3
```

5.4.2 模块作用域

为了实现程序编写的可维护性,程序代码通常会根据函数功能和逻辑进行分组,分别放到不同的文件里。这样,每个文件包含的代码就相对较少,逻辑也更清晰。很多编程语言都采用这种组织代码的方式。在 Python 语言中,一个 .py 文件即为一个模块(Module)。模块能够包含可执行语句和函数。执行一个模块时会执行其包含的所有语句及函数定义。

因此除了在函数内部定义变量外,Python 语言还允许在一个模块中所有函数的外部定义变量,这样的变量称为全局变量。和局部变量不同,全局变量的默认作用域是整个模块,即全局变量既可以在各个函数的外部使用,也可以在各函数内部使用。

默认情况下,在 Python 语言程序中引用变量的优先顺序是:当前作用域中的局部变量优先级最高,其次是外层作用域变量,再次是当前模块中的全局变量,最低是 Python 语言内置变量。

在局部作用域中,如果通过赋值语句方式定义的局部变量与全局变量同名,则 Python 语言将定义新的局部变量来替代重名的局部变量。在这种情况下,如果要在局部作用域中对全局变量进行修改,则需要首先使用 global 关键字声明全局变量。

通过定义全局变量可以在函数之间提供直接传递数据的通道。将一些参数的值存放在全局变量中,可以减少调用函数时传递的数据量;将函数的执行结果保存在全局变量中,则可以使函数返回多个值。从另一个角度,也正因为全局变量可以在多个函数中使用,在一个函数中更改了全局变量的值就可能会对其他函数的执行产生影响,所以在程序中不宜使用过多的全局变量。

定义全局变量的方式有如下两种。

(1) 在模块中所有函数体外定义的变量一定是全局变量。

【演示】 函数体外定义全局变量。

```
global_var = "I am global"
def text():
    print("函数体内访问全局变量:", global_var)
text()
print('函数体外访问全局变量:', global_var)
```

运行结果为:

```
函数体内访问全局变量: I am global
函数体外访问全局变量: I am global
```

从上述代码可以看出,在模块作用域定义的全局变量 global_var 在函数内以及函数外都能够被访问。

(2) 在函数体内用 global 关键字定义全局变量。这样即使是在函数内,如果用 global 关键字对变量进行修饰后,该变量就会变为全局变量。

【演示】 函数体内用 global 关键字修饰变量。

```
def text():
    global global_var
    global_var = "I am global"
    print("函数体内访问全局变量:", global_var)
text()
print('函数体外访问全局变量:', global_var)
```

程序执行结果:

```
函数体内访问全局变量: I am global
函数体外访问全局变量: I am global
```

注意,在使用 global 关键字修饰变量名时,不能直接给变量赋初值,否则会引发语法错误。

5.4.3 作用域中变量获取函数

在一些特定场景中,可能需要获取模块作用域或函数作用域内所有的变量。对此,Python 语言提供了 globals()函数和 locals()函数。

1. globals()函数

globals()函数是 Python 语言的一个内置函数。它可以返回一个包含全局作用域内所有变量的字典,该字典的键为变量名,字典的值为变量对应的值。

【演示】 查看所有的全局变量及其值。

函数与模块

```
global_var = "I am global"      # 全局变量
def func():
    local_var = "I am local"    # 局部变量
```

采用 globals()函数可以查看所有的全局变量及其值：

```
>>> globals()
    {…,'global_var': 'I am global', 'func': < function func at 0x015086A0 >, …}
```

运行程序可以发现，通过调用 globals()函数，可以得到一个包含所有全局变量的字典，通过该字典，可以访问指定变量的值。注意，globals()函数返回的字典对象中会默认包含有很多主程序内置的变量，例如'__name__'和'__doc__'等，暂时不用理会它们。

2. locals()函数

与 globals()函数类似，locals()函数也是内置函数之一，通过调用该函数可以得到一个包含当前作用域内所有变量的字典。这里所谓的"当前作用域"指的是，在函数内部调用 locals()函数，会获得包含所有局部变量的字典；而在全局范围内调用 locals()函数，其功能和 globals()函数相同，均是返回全局变量的字典。

【演示】 返回当前作用域内的变量。

```
global_var = "I am global" # 全局变量
def func():
    local_var = "I am local" # 局部变量
    print("函数内部的 locals:", locals())
func()
print("函数外部的 locals:", locals())
```

程序执行结果：

```
函数内部的 locals: {'local_var': 'I am local'}
函数外部的 locals: {…, 'global_var': 'I am global', 'func': < function func at 0x01B786A0 >, …}
```

可见，当在函数内调用 locals()函数时会返回函数作用域内所有局部变量的字典。而当在模块作用域内使用 locals()函数时，和 globals()函数一样会获得所有全局变量的字典。

5.4.4 模块引入

每个模块都会拥有一张自己的符号表，以维护全局作用域中的所有变量，这些变量可以被模块中定义的任意函数直接访问。但是若其他模块想要访问该模块中的变量，则需要进行模块引入。

1. import 语句

可以使用 import 语句来引入模块，其一般放置在当前文件最开始的地方。

【语法格式】

```
import module1[, module2[,…,moduleN]]
```

【演示】 若已有一个模块 support.py：

```
def hello(name):
    print("Hello,", name)
def bye(name):
    print("Bye,", name)
```

如果在另一个模块 core.py 中想要使用 support 模块，就可以在文件最开始的地方添加语句：

```
import support
```

这样就可以在 core 模块中使用 support 模块作用域中的变量，包括 hello()函数和 bye()函数：

```
>>> support.hello("Phebe")
    Hello, Phebe
>>> support.bye("Phebe")
    Bye, Phebe
```

有时，导入的模块名可能与当前模块内的某个变量名相同，为避免产生冲突或者为了方便记忆导入的模块名，可以为导入的模块起一个别名，如：

```
import module_name as new_name
```

【演示】 导入 support 模块并起别名为 sp。

```
import support as sp
sp.hello()
```

2. from…import…语句
如果只需要用到被引入模块作用域中的某个特定变量，也可利用 from…import…语句引入指定部分。
【语法格式】

```
from module_name import name1[, name2[, …,nameN]]
```

【演示】 导入模块 support 的 hello()函数。

```
from support import hello
```

这个声明不会把整个 support 模块导入当前的命名空间中，它只会将 support 模块里的 hello()函数单个引入执行这个声明的模块中。引入以后，hello()函数可直接调用，而无须通过 support.hello()的方式：

```
>>> hello("Phebe")
    Hello, Phebe
```

而 support 模块中的其他函数则由于没有被引入而无法访问。
　与 import…as…语句类似，也可以在 from…import…语句中设置别名。

149

第
5
章

函数与模块

【语法格式】

```
from module_name import name as new_name
```

【演示】 引入时将 hello() 函数名改为 hi。

```
from support import hello as hi
hi()
```

3. from…import * 语句

为了能够把一个模块的所有内容全都导入,可以采用 from…import * 语句。

【演示】 引入 support 模块作用域中的所有全局变量。

```
from support import *
```

这样能够自由地使用 support 模块中的 hello() 函数和 bye() 函数,无须通过 support 模块名字来调用:

```
>>> hello("Phebe")
    Hello, Phebe
>>> bye("Phebe")
    Bye, Phebe
```

注意,这种声明过多使用会导致本模块内变量混乱。

4. 搜索路径

当 Python 语言解释器遇到 import 相关语句时,会在 Python 语言的搜索路径中依次去寻找所引入的模块。当搜索失败时,会抛出 ImportError 异常。因此,在使用 import 相关语句时,需要确定被引入的模块存在于搜索路径之中。模块引入的搜索路径存储在内置 sys 模块中的 path 变量中。sys.path 返回一个列表,其中第一项是当前目录,即运行的程序所在的目录。

因此,只要被引入的模块与当前程序处于同一目录下,或者处于 sys.path 返回的任意路径下,均可顺利引入该模块。如果需要引入的模块不在当前的搜索路径中,则可以在 sys.path 对象中追加新的路径(例如调用 sys.path.append() 函数)。

另外应注意,不管程序中执行了多少次 import,一个模块只会被引入一次,这样可以防止引入模块中的代码被一遍又一遍地执行。

也可以使用包来组织项目中的 Python 语言文件。包是一个分层次的文件目录结构,它定义了一个由模块、子包以及子包下的子包等组成的应用环境。简单来说,包就是文件夹,但该文件夹下必须存在 __init__.py 文件中,该文件的内容可以为空。__init__.py 用于标识当前文件夹是一个包。

【演示】 假设在 package_support 目录下有 __init__.py、support1.py、support2.py 三个 Python 语言文件,test.py 为测试调用包的代码,即目录结构如下:

```
test.py
package_support
|-- __init__.py
|-- support1.py
|-- support2.py
```

其中,support1.py 和 support2.py 源代码分别如下。

(1) package_ support/support1.py 代码。

```python
def func1():
    print("I'm in support1")
```

(2) package_ support/support2.py 代码。

```python
def func2():
    print("I'm in support2")
```

package_support 目录下创建的__init__.py 代码如下:

package_support/__init__.py 代码:

```python
if __name__ == '__main__':
    print('作为主程序运行')
else:
    print('package_support 包初始化')
```

每个模块都有一个__name__属性。当其值是 main 时,表明该模块自身作为主程序在运行,会执行第一个 print 语句; 而其值不是 main 时,表示该模块此时被引入,将执行第二个 print 语句。

然后在 package_support 同级目录下通过 test.py 调用 package_support 包。

test.py 代码:

```python
from package_support.support1 import func1
from package_support.support2 import func2
func1()
func2()
```

以上程序执行结果:

```
package_support 包初始化
I'm in support1
I'm in support2
```

如上,搜索路径中包内部的模块可以通过包名.模块名的格式来定位进行引入。引入包内部的模块前,还会先自动引入包的__init__.py 初始化文件。

5.5 两类特殊函数

在 Python 语言中有两类特殊的函数,即匿名函数和递归函数。匿名函数是指没有名称的函数,它只能包含一个表达式,而不能包含其他语句,该表达式的值就是函数的返回值。递归函数是指调用自身的函数,即在一个函数内部直接或间接调用该函数。

5.5.1 匿名函数

使用 def 语句创建用户自定义函数时必须指定一个函数的名称,以便需要时通过该名称来调用函数,这样有助于提高代码的复用性。如果某个函数功能只需要临时使用一次而无须在其他地方使用,则可以考虑通过定义匿名函数来实现。

1. 定义

在 Python 语言中,匿名函数是通过关键字 lambda 来定义的,故又称 lambda 函数。

【语法格式】

```
lambda 参数列表:表达式
```

【说明】

关键字 lambda 表示该函数为匿名函数;冒号前面是函数的参数。匿名函数同样可以有多个参数,各个参数之间用逗号分隔;冒号后面的表达式用于确定匿名函数的返回值,这个表达式可以包含冒号前面的参数,表达式的值就是函数的返回值。

在匿名函数中只有一个表达式,不能使用 return 语句,也不能包含其他语句。由于函数没有名称,因此使用匿名函数的好处是不必担心函数名称冲突。

例如,"lambda a,b: a+b"表示定义了一个匿名函数,该函数包含 a、b 两个参数,并返回 a 与 b 的和。如果使用 def 语句定义函数来实现这个匿名函数的功能,参考代码是:

```
def func(a,b):
    return a + b
```

可以看出,lambda 函数的设计主要是用来计算简单的任务,目的是使代码更简洁。

2. 调用

匿名函数主要应用于函数式编程。虽然没有函数名称,但匿名函数仍然是函数对象,在程序中可以将匿名函数赋值给一个变量,然后通过该变量来调用匿名函数。

【演示】 匿名函数的调用方法。

```
>>> fsum = lambda a,b:a + b
>>> fsum(2,3)
    5
```

与标准函数类似,使用匿名函数时也可以使用默认值参数和关键字参数。

【演示】 调用时不同的参数。

```
>>> fsum = lambda a,b = 10:2 * a + b        # 设置匿名函数
>>> fsum(2)                                 # 使用默认值参数
    14
>>> fsum(b = 2,a = 10)                       # 使用关键字参数
    22
```

3. 作为函数参数

调用函数时,除了将相关对象作为函数参数外,也可将函数对象名称作为参数传入,此时这种函数参数既可以是系统函数(包括类的成员方法),也可以是自定义函数的名称,还可以是一个匿名函数。

【例 5-16】 输出列表中的指定数据。

【分析】

使用 filter()函数用来过滤序列,过滤掉不符合条件的元素,返回由符合条件元素组成的新列表。filter()函数接收两个参数:第一个为函数;第二个为序列。序列的每个元素作为参数传递给函数进行判断,然后返回 True 或 False,最后将返回 True 的元素存放到新列表中。这里匿名函数也可以用一般函数来替换。

【参考代码】

```
def f1(x):
    return x % 2 == 1                           # 定义判断奇数的函数 f1()
def f2(x):
    return x < 0                                # 定义判断负数的函数 f2()
list1 = [1, -2, 3, -4, 5, -6, 7, -8, 9, -10]    # 创建列表
print("输出原始列表:", list1)
# 利用匿名函数
l1 = list(filter(lambda x:x % 2 == 1, list1))   # 输出所有奇数
l2 = list(filter(lambda x:x < 0, list1))        # 输出所有负数
# 利用一般函数
L1 = list(filter(f1, list1))                    # 输出所有奇数
L2 = list(filter(f2, list1))                    # 输出所有负数
# 输出结果
print("使用匿名函数:\n输出所有奇数:", l1, "输出所有负数:", l2)
print("使用一般函数:\n输出所有奇数:", L1, "输出所有负数:", L2)
```

程序执行结果:

```
输出原始列表:[1, -2, 3, -4, 5, -6, 7, -8, 9, -10]
使用匿名函数:
输出所有奇数:[1, 3, 5, 7, 9] 输出所有负数:[-2, -4, -6, -8, -10]
使用一般函数:
输出所有奇数:[1, 3, 5, 7, 9] 输出所有负数:[-2, -4, -6, -8, -10]
```

【例 5-17】 利用匿名函数对列表或字典元素排序。

【分析】

排序可使用 sorted()内置函数,sorted()函数中的默认参数为 key,默认值为 None,也可以通过设置 key 在排序时指定使用对象的某个属性或函数作为关键字进行排序。

【参考代码】

```
list1 = [1, -2, 3, -4, 5, -6, 7, -8, 9, -10]        # 定义列表
dic1 = {"李明":98, "王强":89, "赵伟":70, "钱颖":92, "孙云":80}    # 定义字典
print(sorted(list1, key = lambda x:x))              # 列表排序
print(sorted(dic1.items(), key = lambda x:x[1]))    # 字典排序
```

程序执行结果:

```
[-10, -8, -6, -4, -2, 1, 3, 5, 7, 9]
[('赵伟', 70), ('孙云', 80), ('王强', 89), ('钱颖', 92), ('李明', 98)]
```

4. 作为序列、元组或字典的元素

在列表、元组或字典中,也可以将匿名函数作为元素来使用,此时,可以通过引用列表、

元组或字典元素来调用匿名函数。

【演示】 通过引用列表、元组或字典元素来调用匿名函数。

```
>>> op = {"add":lambda x,y:x + y,"sub":lambda x,y:x - y}
>>> op["add"](2,3)
    5
>>> op["sub"](2,3)
    0.6666666666666666
```

5.5.2 递归函数

递归算法是一个非常实用的算法,它可以把一个相对复杂的问题转换为一个与原问题相似的规模较小的问题来求解。递归算法的描述简洁且易于理解。往往只需少量的过程描述就可阐述出解题中的多次重复过程。递归函数具有以下特性:必须有一个明确的递归结束条件;每当进入更深一层递归时,问题规模相比上次递归都应有所减小;相邻两次重复之间有紧密的联系,前一次要为后一次做准备,通常前一次的输出会作为后一次的输入。递归算法的关键就是实现递归函数。

在函数内部可以调用其他函数。如果一个函数在其内部直接或间接地调用该函数自身,则这个函数就是递归函数。

【例 5-18】 求 5!和 10!。

【分析】

因为 $n!=n\times(n-1)!$,若求 $n!$ 的函数为 fact(n),则求 $(n-1)!$ 的函数即为 fact($n-1$),即 fact(n)$=n\times$fact($n-1$),以此类推。若 n 为 5,则

```
fact(5) = 5 × fact(4)
fact(4) = 4 × fact(3)
fact(3) = 3 × fact(2)
fact(2) = 2 × fact(1)
fact(1) = 1
```

因此,这种方法可用公式表示为:

$$\text{fact}(n)=\begin{cases}1, & n=0\\1, & n=1\\n\times\text{fact}(n-1)!, & n>1\end{cases}$$

可见,若用递归法求解 $n!$,那么求 $n!$ 的问题可变为求 $(n-1)!$ 的问题。同样,$(n-1)!$ 的问题又可以变为求 $(n-2)!$ 的问题。以此类推,直到变为求 1!或 0!的问题。

【参考代码】

```python
def fact(n):
    if n == 0 or n == 1:
        p = 1
    else:
        p = n * fact(n-1)
    return p
print("5 != ",fact(5),"\n10 != ",fact(10))
```

程序执行结果：

```
5 != 120
10 != 3628800
```

递归函数的执行过程比较复杂，具体包括连续递推调用和回归的过程。这里以计算 5!
为例来说明递归函数的执行过程，图 5-1 给出了求 5! 的递归过程。

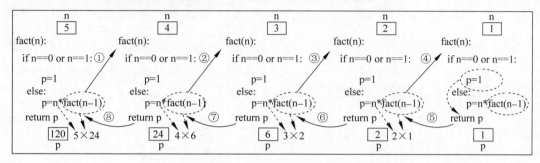

图 5-1　求 5! 的递归过程

程序执行到 fact(5) 时，流程转向调用 fact(5)，此时参数 $n>1$，故执行该函数中的 else 分
支，即成为 5 * f(4)。同理，fact(4) 又成为 4 * fact(3)，以此类推，直到出现函数调用 fact(1) 时，
执行该函数中的 if 分支，并通过 return 语句将 1 返回。当出现函数调用 fact(1) 时，递推结
束，进入回归的过程。将返回值 1 与 2 相乘后的结果作为 fact(2) 的返回值，与 3 相乘后，结
果值 6 作为 fact(3) 的返回值，依次进行回归，最终计算出 5!＝120。

可以看到，每递推调用一次就进入新的一层，直至递推终止。终止递推调用后就开始回
归，一直回归到第一次调用为止。

对于设计实现递归的方法，必须解决三方面的问题：

（1）递归的公式，在本例中为 $n×(n-1)$!；

（2）递归的结束条件，本例中是 0 或 1 的阶乘为 1；

（3）约束条件，即限制条件，本例为 n 必须大于或等于 0。

【例 5-19】　求 Fibonacci 数列的前 40 个数，要求每行输出 4 个数。

【分析】

Fibonacci 数列的递归公式为：

$$\text{fic}(n)=\begin{cases}1, & n=1 \\ 1, & n=2 \\ \text{fic}(n-1)+\text{fic}(n-2), & n\geqslant3\end{cases}$$

其中，递归公式的约束条件是 $n\geqslant1$。

【参考代码】

```
def fic(n):
    if n == 1 or n == 2:
        p = 1
    else:
        p = fic(n-1) + fic(n-2)
    return p
```

```
for i in range(1,20 + 1):
    print("{:>8}".format(fic(i)),end = " " )
    if i % 5 == 0 :print()
```

程序执行结果：

1	1	2	3	5
8	13	21	34	55
89	144	233	377	610
987	1597	2584	4181	6765

注意，在使用递归的方法设计程序时，在递归程序中一定要有递归结束条件，否则在执行程序时，会产生无穷尽的递归调用。

5.6 生 成 器

迭代是 Python 语言最强大的功能之一，是访问集合各元素的一种方式。有时候，序列或集合内的元素的个数非常巨大，如果全生成并放入内存，对计算机的压力是非常大的。比如，假设需要获取 10^{30} 个数据组成的巨大数据序列，若把每一个数都生成出来，并放在一个内存的列表内，显然没有如此大的内存能完成。若元素可以按照某种算法推算出来，需要哪个就计算到哪个，就可以在循环的过程中不断推算出后续的元素，而不必创建完整的元素集合，从而节省大量的空间。

在 Python 语言中这种一边循环一边计算出元素的机制，称为生成器（generator）。而生成器函数是指函数体中包含 yield 语句的函数。通过生成器函数最终可返回一个迭代器对象，生成器函数产生迭代器是一个延迟计算、惰性求值的过程。

5.6.1 迭代器

字符串、列表或元组对象都可用于创建一个迭代器，完成从集合中的第一个元素开始访问，直到所有的元素被访问完结束。需要注意的是，在这个遍历过程中，迭代器可以记住当前访问的元素位置，并且只能往前不会后退。

迭代器拥有两个基本函数：iter() 和 next()。其中，iter() 函数用于创建迭代器对象，而 next() 函数用于返回下一个元素。

【演示】 列表对象的迭代器。

```
>>> nums = [1, 2, 3, 4]
>>> it = iter(nums)        # 创建迭代器对象
>>> print(next(it))        # 输出迭代器的下一个元素
    1
>>> print(next(it))
    2
```

迭代器对象可以直接使用常规的 for 语句进行遍历。

【例 5-20】 使用 for 语句遍历迭代器对象。

【参考代码】

```
nums = [1, 2, 3, 4]
it = iter(nums)          # 创建迭代器对象
for num in it:
    print(num, end = " ")
```

for 循环在本质上通过调用 next()函数来不断读取迭代器的下一个元素值。因此,程序执行结果:

```
1 2 3 4
```

另外,通过不断地显式调用 next()函数,也可以依次遍历迭代器中的各个元素。

【例 5-21】 调用 next()函数遍历迭代器对象。

【参考代码】

```
import sys
nums = [1, 2, 3, 4]
it = iter(nums)                    # 创建迭代器对象
while True:
    try:
        print(next(it), end = " ")
    except StopIteration:
        sys.exit()
```

当迭代器访问完所有元素后,如果再调用 next()函数将会抛出 StopIteration 异常。因此,执行以上程序会输出同样的结果:

```
1 2 3 4
```

5.6.2 生成器函数

在 Python 语言中,使用 yield 返回的函数会变成一个生成器。跟普通函数不同的是,生成器是一个返回迭代器的函数,只能用于迭代操作。在调用生成器函数运行的过程中,每次遇到 yield 语句时函数会暂停并保存当前所有的运行信息,返回迭代器当前的元素值(yield 的值),并在下一次执行 next()函数时从当前位置继续运行。

普通函数被调用后,函数会立即执行完毕。但是生成器函数生成迭代器对象时,生成器函数的函数体不会立即执行。迭代器的 next()操作会促使生成器函数从当前位置后执行到之后碰到的第一个 yield 语句,弹出一个元素值,并暂停函数执行。下一次调用 next()操作,则重复这个处理过程。这样,函数调用者获取迭代器对象后,for 循环的每一次遍历都会后台调用一次迭代器的 next()操作,从而不断地生成和访问新的元素。

【例 5-22】 利用生成器函数生成 Fibonacci 数列。

【分析】

通过获取生成器函数返回的迭代器,对迭代器中的元素进行按序访问。

【参考代码】

```
def fibonacci(n):          ♯ 生成器函数
    a, b, counter = 1, 1, 1
    while True:
        if counter > n:
            return
        yield a
        a, b = b, a + b
        counter += 1
```

通过获取生成器函数返回的迭代器,可以对迭代器中的元素进行按序访问:

```
f = fibonacci(10) ♯ f 是一个迭代器
for num in f:
    print(num, end = " ")
```

程序执行结果:

```
1 1 2 3 5 8 13 21 34 55
```

生成器函数中的 return 语句依然可以终止函数运行,只不过 return 语句设置的返回值不能被调用者获取。如果在生成器函数执行过程中,没有 yield 语句可以被执行了,或者执行到 return 语句导致函数执行结束,那么函数调用者再执行 next()操作的话会抛出 StopIteration 异常。因此,上述生成器函数调用程序还可以这样写:

【参考代码】

```
import sys
f = fibonacci(10)        ♯ f 是一个迭代器,由生成器函数返回生成
while True:
    try:
        print(next(f), end = " ")
    except StopIteration:
        sys.exit()
```

上述程序同样会输出 Fibonacci 数列:1 1 2 3 5 8 13 21 34 55。

本 章 小 结

结构化程序设计中,通过函数可以提高代码复用性、简化代码。Python 语言除了提供可直接使用的内置函数外,还支持自定义函数,函数中参数的种类包含位置参数、关键字参数、默认值参数和不定长参数。由于 Python 语言程序常是由多个函数组成的,其中的每个函数又会用到一些变量,因此 Python 语言设定了变量的作用域,规定了变量可以使用的范围,一般分为局部作用域和全局作用域。匿名函数和递归函数是 Python 语言中两类特殊的函数。Python 语言通过生成器灵活地实现了迭代。

本章习题

（1）函数中的形参有哪些特征？

（2）简要说明局部变量和全局变量。

（3）说明语句 import matplotlib. pyplot as plt 各部分的功能。

（4）编程：用函数实现求 3 个数中最大数与最小数的和。要求编写 3 个函数；一个函数实现求 3 个数中最大数；另一个函数实现求 3 个数中最小数；第 3 个函数调用前两个函数，实现求最大数与最小数的和。

（5）给定一个正整数，编写程序计算有多少对质数的和等于输入的这个正整数，并输出结果。输入值小于 1000。如输入为 10，程序应该输出结果为 2，因为共有两对质数的和为 10，分别为(5,5)，(3,7)，即[2,3,5,7]。

（6）在商场付款时，营业员手里有 10 元、5 元、1 元（假设 1 元为最小单位）几种面额的钞票，其希望以尽可能少（张数）的钞票将钱找给用户。假设需要找给用户 17 元，那么其需要给用户 1 张 10 元、1 张 5 元和 2 张 1 元，而不是给用户 17 张 1 元或者 3 张 5 元与 2 张 1 元。

函数接口定义如下：

```
giveChange(money)    # money 为要找的钱
```

经过计算，需要按格式"要找的钱＝x＊10＋y＊5＋z＊1"输出。

完成函数代码。

（7）编程：利用递归求 1＋2＋1＋2＋3＋4＋…＋100。

（8）编程：定义函数接收年份和月份，返回对应月份有多少天。闰年二月为 29 天，否则为 28 天，四月、六月、九月、十一月为 30 天，其余月份为 31 天。

第6章　类和对象

6.1　封　装

6.1.1　类和对象的概念

面向过程的编程（Procedure Oriented Programming,POP）通过一系列指令将任务分解为若干变量和子程序（函数）的集合。程序执行的每个步骤都按指令的顺序执行。各个子程序之间可以任意地调用，数据可以随意修改，如图 6-1 所示。在一个或几个程序员进行程序编制中小型程序时还勉强可以应付，但在几十或上百个程序员编制大型程序时则非常容易造成混乱，且易产生难以发现的漏洞和错误。

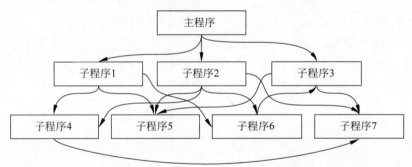

图 6-1　POP 方法中函数调用示意图

计算机科学中对象和实例的概念最早可以追溯到美国麻省理工学院的 PDP-1 系统。这一系统大概是最早的基于容量架构（capability-based architecture）的实际系统。1963 年，Ivan Sutherland 的 Sketchpad 应用中也蕴含了同样的思想。而对象作为编程实体最早是于20 世纪 60 年代由 Simula 67 语言引入的。Simula 语言是奥利-约翰·达尔和克利斯登·奈加特在挪威奥斯陆计算机中心为模拟环境而设计的。

20 世纪 70 年代施乐 PARC 研究所发明了深受 Simula 67 主要思想影响的 Smalltalk语言。它将面向对象程序设计的概念定义为在基础运算中对对象和消息的广泛应用。但Smalltalk 中的对象是完全动态的——它们可以被创建、修改并销毁，这与 Simula 中的静态对象有所区别。此外，Smalltalk 还引入了继承性的思想。正因为此，它超越了不可创建实例的程序设计模型和不具备继承性的 Simula。

类是面向对象的编程语言抽象归纳出来的具有某一共同特征事物的统称。比如,实际生活中经常接触的汽车,不管它是什么牌子,不管驱动它的能源是油还是电,也不管它能乘坐几个人,只要看到带发动机、方向盘、灯和 4 个轮子,大家都会在脑海里出现这个抽象概念:汽车。类似的例子不胜枚举,如大学、学生、计算机、电视等,根据日常生活经验还能举出许多多类的例子。

在编程语言中引入类(class)的概念,并且随着类的引入进而引入对象、属性、方法、继承、封装、多态等一系列所谓的"面向对象的编程"(Object Oriented Programming,OOP)方法彻底改变了程序员对理解问题、分析问题、问题建模、语言编程等的基本思考模式。其中,"面向对象"是指在分析、建模和编程的各个阶段都使用类和对象这一整套概念实现思考问题和代码编写。

面向对象程序设计在 20 世纪 80 年代成为一种主导思想,这主要应归功于 C++——C 语言的扩充版的出现。在图形用户界面(GUI)日渐崛起的情况下,面向对象程序设计很好地适应了潮流。由 Objective-C 语言写成的 macOS X 是一个仿 Smalltalk 的 C 语言扩充版。从 macOS X 中可以发现 GUI 和面向对象程序设计是紧密相连。所以 GUI 的引入极大地推动了面向对象程序设计的发展。

与面向过程的编程不同,面向对象的编程通过将数据和行为按格式放入类中,并通过类中的数据和行为来操纵对象,以期获得更高的代码效率和代码安全性。这个过程就称为封装(encapsulation)。面向对象程序设计推广了程序的灵活性和可维护性,并且在大型项目设计中广为应用。此外,面向对象程序设计更加便于学习,使得程序更加便于分析、设计、理解。所以面向对象不仅指一种程序设计方法,更多意义上是一种程序开发方式。

回顾程序设计语言发展的历史,面向过程的程序设计是在 20 世纪 60 年代末提出软件危机之后,为了应对软件危机,模仿当时比较成熟的工程化生产而提出一种方法。它面向过程,自上而下、逐步地分解问题,将一个大问题分解成多个小问题,将小问题再分解成多个更小的问题,直到保证底层的问题足够简单,容易解决。而面向对象的程序设计是编程语言引入的,它面向对象,以对象为中心,把数据封装在对象内部成为对象的属性,把面向过程的函数转换为对象的行为方法,把对象抽象成为类,用以描述和设计、开发软件系统。两者发展的历史和特点各有不同,如表 6-1 所示。

表 6-1　面向对象编程与面向过程编程特点比较

类　别	面向对象编程	面向过程编程
解决问题方式	重视对象;为解决一个问题,把这个问题分成更小的部分,称为对象	重视强调功能或程序;为解决一个问题,它被分成更小的部分,称为函数或过程
程序设计方法	自上而下＋自下而上的混合方法,不断改进来逼近实际问题	自上而下的方法
形式	对象.动作()	动作(对象)
代码的可重用性	通过继承可以重用代码	代码不能重用
数据隐藏	数据被封装在类中隐藏起来以保持安全	没有提供保持数据安全的方法

类　　别	面向对象编程	面向过程编程
功能修改	修改和添加新功能容易	修改和添加新功能很困难，需要非常仔细地斟酌和协调所有有关的数据和子程序来避免原有的数据和子程序被破坏
程序规模	适合大型程序编制，大量程序员合作开发	适合小型和中型程序编制，由一个或几个程序员联合开发
对应的编程语言	纯 OOP：Smalltalk、JADE 等；混合偏 OOP：C++、Java、Python 语言等	C、Pascal、FORTRAN 等
优点	概念清晰，数据安全，方法有条理且效率高，协调、修改容易，对大型、复杂以及需要经常更新和维护的程序开发有利	直观、简单，容易理解和学习，适合初学者和中小规模编程
缺点	概念多且抽象，初学需要很长时间来理解，学习成本高；过分强调软件开发的数据组件，而没有足够关注计算或算法	程序庞大时协调开发和修改起来非常困难，对程序员个人依赖强

随着计算机语言的发展，出现了既支持面向对象程序设计又支持面向过程程序设计的语言，Python 语言就是其中之一。

6.1.2　类的使用

在 Python 语言中通常在程序开头定义类，当然也可以在程序执行过程中定义类。但要注意，如果不在程序开头定义类，一定要保证在使用这个类之前定义该类，否则未定义的类将无法使用。类通过 class 语句来定义。定义一个类时，以关键字 class 开始，后跟类名和冒号。类名遵循标识符命名规则，其首字母通常采用大写形式。类体用于定义类的所有细节，应向右缩进对齐。

【语法格式】

```
class 类名：
    def __init__(self, 属性 1, 属性 2, 属性 3, …)
        self.属性 1 = 属性 1
        self.属性 2 = 属性 2
        self.属性 3 = 属性 3
        ⋮
    def 方法 1(参数)：
        方法内容…
    def 方法 2(参数)：
        方法内容…
        ⋮
```

【说明】

类体中具体定义类的所有变量成员和函数成员。变量成员即类的属性，用于描述对象的状态和特征；函数成员即类的方法，用于实现对象的行为和操作。通过定义类实现了数据和操作的封装。类体中也可以只包含一个 pass 语句，此时将定义一个空类。

def 后的 __init__() 函数是所有类都有的一个特殊方法,名为构造方法,也是创建此类的对象时必须第一个自动执行的方法。Python 语言对该方法的命名有特殊规定:前为连续的 2 个下画线,中间是英文 init(initialize 的缩写),后紧跟 2 个连续的下画线。__init__() 方法后的小括号内是用逗号分隔的参数,Python 语言规定最少应有一个参数,即 self,后面可以跟若干需要初始化的本类属性。

这里的 self 是独特的参数,它代表一个类的某一对象本身,可理解为"本对象"或"对象自身",表示完成对象初始化后的对象自身。

【例 6-1】 定义一个学生类,用于描述学生的学籍。

【分析】

属性:姓名、性别、学号、出生日期。

方法:入学(具体执行的动作:发新学号并记录)、在读(执行动作:每学期注册,记录每学期考试成绩、记录社团活动、记录奖惩等)、休学(执行动作:记录原因,记录开始休学时间、休学结束提醒等)、毕业(执行动作:计算总学分绩点、通知归还学校物品、授予学位和毕业证书、归入校友库等)、退学(执行动作:记录退学原因、发退学文件、归入校友库等)

【参考代码】

```
class Student:                    # 学生类:包含属性(成员变量)和方法(成员方法)
    def __init__(self, name, gender, ID, birth_date):    # 构造方法
        self.name = name      # 初始化学生类 Student 的属性之一名字 name 并给 name 赋值
        self.gender = gender  # 初始化学生类的属性之一性别 gender 并给 gender 赋值
        self.ID = ID          # 初始化学生类的属性之一学号 ID 并给 ID 赋值
        self.birth_date = birth_date
                              # 初始化学生类的出生年月日属性 birth_date,并给 birth_date 赋值
    def getInfo(self):        # 成员方法:取得学生信息
        print(self.name, self.gender, self.ID, self.birth_date)
    def entrance(self):       # 成员方法:入学,处理入学事宜
        pass                  # 内容略
    def enrolled (self):      # 成员方法:在读,处理在读事宜
        pass                  # 内容略
    def suspending (self):    # 成员方法:休学,处理休学事宜
        pass                  # 内容略
```

程序第一行为 class Student:,表示要建立一个名为 Student 的类,以后所有的行都必须有缩进,直到这个类的定义结束。除了显示学生基本信息的方法 getInfo()之外,还可以定义类的方法来处理上述的入学、在读、休学、毕业、退学等事务。

6.1.3 对象的三要素

面向对象编程中的对象就是某一类的具体实现,用术语说就是"实例"(instance),即一个抽象类中的一个或若干现实的东西。例如:预先定义了一个抽象的"学生"类,这个"学生"类包含了一些描述学生的数据信息,如姓名、性别、学号、学校、专业、出生日期、入学时间等,这些信息放在类中就称为属性(attribute)。而实际生活中,学生一定还是具有一些"动作"行为的,如学生的入学、在读、休学、退学、毕业等,这些行为放在类中就称为方法(method)。所以一个对象包括以下三要素。

状态:由对象的属性表示。来自此对象所属的类,反映了对象所包含的特性。

行为：由对象的方法表示。来自此对象所属的类，反映了一个对象自身的动作和对其他对象的动作的响应。

身份：它为一个对象赋予一个唯一的名称，并使一个对象能够与其他对象交互。

对象实现了数据和操作的结合，数据和操作封装于对象这个统一体中。对象内存空间中只存储对象的属性，而不存储方法和静态属性，方法和静态属性存储在类的内存空间中，这样多个对象可以共享类中的资源，便于节省内存。定义类之后，可以通过赋值语句来创建类的实例对象。

【语法格式】

```
对象名 = 类名(参数列表)
```

【说明】

对象名要求符合标识符规则，参数列表要求和类中定义的构造函数__init__要求的形参列表一一对应。

创建对象之后，该对象就拥有类中定义的所有属性和方法，此时可以通过对象名和圆点运算符来访问这些属性和方法。

【语法格式】

```
对象名.属性名
对象名.方法名(参数列表)
```

【说明】

必须先创建对象，调用的属性和方法必须在类中定义。

【例 6-2】 通过例 6-1 中定义的类定义对象，相关参数如表 6-2 所示。

表 6-2 对象属性值相关参数

类 别	属性 1：姓名	属性 2：性别	属性 3：学号	属性 4：出生日期
学生 1	小明	男	20220101	20040110
学生 2	小静	女	20220102	20031212
学生 3	大虎	男	20220103	20040301
学生 4	小莉	女	20220104	20040228

【参考代码】

```
# 以下语句将各特定的对象按类的内容进行初始化并将对象内属性的内容输入给对象
s1 = Student("小明", "男", "20220101", "20040110")
                # 创建第一个 Student 类的对象 s1 并输入对象的属性值
s1.getInfo()    # 调用 s1 对象中的方法 getInfo() 来浏览此学生信息
s2 = Student("小静", "女", "20220102", "20040112")
                # 创建第二个 Student 类的对象 s2 并输入具体的对象属性值
s2.getInfo()    # 调用 s2 对象中的方法 getInfo() 来浏览此学生信息
s3 = Student("大虎", "男", "20220103", "20040301")
                # 创建第三个 Student 类的对象 s3 并输入具体的对象属性值
s3.getInfo()    # 调用 s3 对象中的方法 getInfo() 来浏览此学生信息
```

```
s4 = Student("小莉", "女", "20220104", "20040228")
                        # 创建第四个 Student 类的对象 s4 并输入具体的对象属性值
s4.getInfo()            # 调用 s4 对象中的方法 getInfo()来浏览此学生信息
```

程序执行结果：

```
小明 男 20220101 20040110
小静 女 20220102 20040112
大虎 男 20220103 20040301
小莉 女 20220104 20040228
```

使用方法可以完成程序规定的动作。如学生 1 入学，在程序中使用"学生 1. 入学"调用"学生 1"对象中的"入学"方法，而"入学"方法中则包含了对于入学需要进行的操作语句。同理，"学生 2. 毕业""学生 3. 休学"等方法都用于实现相应的操作。

除了显示学生基本信息的方法 getInfo()之外，还可以使用类的方法来处理对象的入学、在读、休学、毕业、退学等事务，如 s1 对象的入学，就使用 s1. entrance()的形式执行 s1 对象的入学方法，对于 s3 对象的休学，就用 s3. suspending()来处理。其他事务的处理均以此类推。

6.1.4 Python 语言的内置类

在 Python 语言中的基本数据类型都是类，属于内置类，如整数类、浮点数类、复数类、字符串类等。使用时通过赋值输入变量名加"."打开类的索引，并用 ↑、↓ 按键选择该类中的属性或方法（选中的有反白显示），然后按 Tab 键可以将选中的属性或方法输送到屏幕光标处。

【演示】 Python 语言的内置类。

```
>>> test_number = -1.5
```

将浮点数赋值给变量 test_number，这时 test_number 被系统自动初始化成浮点数类的实例，即类属于浮点数的 test_number 对象，test_number 自动继承了浮点数类的属性和方法。调用浮点数类的 real 属性和 imag 属性，分别显示 test_number 对象的实部和虚部：

```
>>> print(test_number.real)
    -1.5
>>> print(test_number.imag)
    0.0
```

调用__abs__()方法，显示 test_number 对象的绝对值：

```
>>> print(test_number.__abs__())
    1.5
```

6.2　继承与多态

6.2.1　继承

面向对象的编程带来的主要好处之一是代码的重用，它通过继承机制实现。继承是类与类的一种关系,可以理解成类之间基类和派生类的关系,或称为父类和子类的关系,即爸爸与儿子,爸爸生了一个儿子,儿子继承爸爸的属性和方法。如狗类,狗是动物;狗类继承动物类,动物类为基类,也是所有动物类的父类;狗类是动物类的派生类,也就是动物类的子类。所以继承是一个类从另一个类派生或继承属性的能力。继承派生属性的类称为派生类或子类,而派生出属性的类称为基类或父类。

继承的优点如下。

（1）较好地代表了现实世界的关系。

（2）提供了代码的可重用性,提高了编程效率,减少了出错的可能性。通过继承基类,不必一次又一次地编写相同的代码。此外,它允许在不修改类的情况下向类添加更多功能。

（3）体现了可传递的本质,这意味着如果类 B 继承自另一个类 A,那么 B 的所有派生类将自动继承自类 A。

当需要定义几个类,而类与类之间有一些公共的属性和方法时,可以把相同的属性和方法作为基类的成员,而特殊的方法及属性则在派生类中定义。派生类通过继承将从基类中得到所有的属性和方法,也可以对所得到的这些方法进行重写和覆盖,同时还可以添加一些新的属性和方法,从而扩展基类的功能。这样派生类可以直接访问到基类（父类）的属性和方法,它提高了代码的可扩展性和重用性。

所以继承是指在一个基类的基础上定义一个新的派生类。继承关系按基类的多少分为单一继承和多重继承,单一继承是指派生类从单个基类中继承,多重继承则是指派生类从多个基类中继承。

1. 单一继承关系

在 Python 语言中,可以在单个基类的基础上来定义新的派生类,这种继承关系称为单一继承。单一继承可以使用 class 语句来实现。

【语法格式】

```
class 派生类名(基类名):
```

【说明】

派生类名表示要新建的派生类;该派生类要继承的基类必须放在小括号内。基于基类创建新的派生类之后,该派生类将拥有基类中的所有公有属性和所有成员方法,这些成员方法包括构造方法、析构方法、类方法、实例方法和静态方法。

除了继承基类的所有公有成员外,还可以在派生类中扩展基类的功能,这可以通过两种方式来实现:一种方式是在基类中增加新的成员属性和成员方法;另一种方式是对基类已有的成员方法进行重定义,从而覆盖基类的同名方法。

【例 6-3】 创立一个基于基类 Student 的派生类——大学生类 College_Student。

【分析】

与普通学生不同,大学生入校后有专业,所以在继承了其基类 Student 的基础上,加入一个派生类特有的新属性,即专业属性（major）和一个派生类特有的新的方法,即转专业方法（change_major）。根据 Python 语言继承的规定,College_Student 类具有其基类 Student 的所有属性和方法。

注意,准确地说是派生类继承了基类除了私有属性和私有方法以外的所有属性和方法

（私有属性和私有方法后面会详细介绍）。

【参考代码】

```
class College_Student(Student):
    # 定义类 College_Student,在小括号中指明其父类为 Student

    def __init__(self, name, gender, ID, birth_date, major):
        # 定义子类的构造函数,并指明要初始化的属性;
        super().__init__(name, gender, ID, birth_date)
            # 初始化继承来的 4 个属性:name, gender, ID, birth_date
            # 调用父类的构造函数,super()指父类
        self.major = major
            # 初始化自己特有的属性
    def change_major(self):
            # 初始化自己特有的方法
        pass
```

完成了对类的继承和派生类中特有属性和方法的定义后,使用以下语句可以完成对象的初始化操作:

```
>>> s5 = College_Student("小明","男","20220101","20040110","物理")
>>> s5.getInfo()
```

程序执行结果:

```
小明 男 20220101 20040110
```

注意,这里派生类的 major 属性没有显示,这是因为基类 Student 属性的 getInfo()方法没有让这一属性显示,但 s5 的 major 属性实际上已经被赋值"物理"了。

可以修改基类中的 getInfo()方法,使其更为通用:

```
def getInfo(self):
    print(self.__dict__)
```

此句的含义是输出本对象的所有属性值。__dict__ 属性是 Python 语言类的内置属性,其中保存了所有对象的属性值。这样 getInfo()方法在基类和派生类中都可以看到所有的属性值。

再次执行方法,可以得到如下运行结果:

```
>>> s5 = College_Student("小明","男","20220101","20040110","物理")
>>> s5.getInfo()
    {'name':'小明','gender':'男','ID':'20220101','birth_date':'20040110','major':'物理'}
```

显然,这里 major 已经是 s5 对象的属性并已经被赋值"物理"了。

2. 属性与方法的可见性

Python 语言类中的属性和方法能够定义为是否可以被其他类中的属性和方法所访问(即取值和修改)。如果可以访问就是对这些类的属性和方法是可见的,不可访问就是不可见。

规定可见性的目的是更好地保护数据。Python 语言按能否在类外部访问,类中的属性

和方法有两种性质：一种是默认的公有性质（public）；另一种是必须由程序员标识的私有性质（private），公有性质的属性和方法对类自身和其他类的属性和方法来说是可见的，即类内类外均可以访问公有的属性和方法；而私有性质的属性和方法对类自身的属性和方法可见，类外是不可见的，即类内可以访问私有性质的属性和方法，类外不可以访问。

【例 6-4】 学生类成员的属性。

【参考代码】

```python
class Student(object):          # 学生类:包含成员变量和成员方法
    def __init__(self, name, gender, ID, birth_date):   # __init__()为类的构造方法
        self.name = name                # 初始化学生类 Student 的属性姓名 name
        self.gender = gender            # 初始化学生类的属性性别 gender
        self.ID = ID                    # 初始化学生类的属性学号 ID
        self.birth_date = birth_date    # 初始化学生类的属性出生日期 birth_date
        self.__health = "Good"          # 私有属性__health 初始化
    def getinfo(self):                  # 成员方法
        print("小明的健康状况是:", self.__health)
        self.__see_doctor()             # 内部方法可以调用私有方法__see_doctor()
    def __see_doctor(self):             # 定义私有方法__see_doctor()
        print("提醒{}去医院检查身体.".format(self.name))
    def entrance(self):                 # 学生类的入学方法
        print("学生{}开始办理入学手续".format(self.name))
    def enrolled(self):                 # 学生类的在读方法
        print("学生{}正在我校学习".format(self.name))
    def suspend(self):                  # 学生类的休学方法
        print("学生{}开始办理休学手续".format(self.name))
    def drop_out(self):                 # 学生类的退学方法
        print("学生{}开始办理退学手续".format(self.name))
class College_Student(Student):
    def __init__(self, name, gender, ID, birth_date, major):
        super().__init__(name, gender, ID, birth_date)
        self.major = major
    def change_major(self):             # 大学生类的转专业方法
        pass
```

程序中定义了一个 __health 属性，这个属性和其他属性不同，程序设计者不希望这个属性被其他类的对象访问到，只允许被类内的属性和方法访问，这种不能被非本类方法访问的属性就称为私有属性。Python 语言使用两个下画线放在属性名或方法名前表示。

程序还定义了一个私有方法：__see_doctor()，同样，使用两个下画线放在方法名__see_doctor()前，表示这个是私有方法不能被 Student 类以外的对象调用。

【演示】 创建对象 s1，并执行方法 getinfo()。

```python
>>> s1 = Student("小明", "男", "20220101", "20040110") # 创建 s1 对象,学生小明
>>> s1.getinfo()
    小明的健康状况是 Good
    提醒小明去医院检查身体.
```

getinfo()和__see_doctor()都是 Student 类中的方法，在类方法 getinfo()中调用私有方法__see_doctor()成功，这种调用属于内部调用。

如果在 Student 类外调用私有方法__see_doctor()，将会产生错误提示。

```
>>> __see_doctor()
    Traceback (most recent call last):
     File "< pyshell ♯ 226 >", line 1, in < module >
        __see_doctor()
    NameError: name '__see_doctor' is not defined
```

出错信息表明找不到__see_doctor，虽然 s1 是 Student 的实例，但从 s1 对象调用私有方法还是会失败的，因为这是属于外部调用。

具体公有、私有属性和方法的可见性如图 6-2 所示。

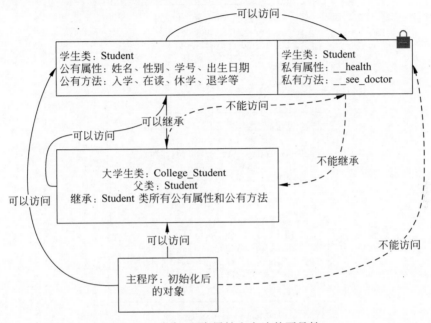

图 6-2　公有、私有属性和方法的可见性

3. 多级继承关系

继承具有传递性，Python 语言的继承机制允许类似祖父→父→子→孙→重孙的继承关系，这种一对一的多层次继承关系被称为多级继承关系，即从派生类（子类）还可以派生出新一代派生类（孙类），相对于派生类（孙类）而言，派生类（子类）又成了基类（父类）。继承反映了抽象程度不同的类之间的关系，即共性和个性的关系、普遍性和特殊性的关系。编程人员可以在原有类的基础上定义和实现新类，从而实现了程序代码的重用性。在这种关系中，前辈的所有非私有属性和方法都会被继承到下一代。

从一个基类可以派生出多个派生类，每个派生类都可以通过继承和重写拥有自己的属性和方法，基类体现对象的共性和普遍性，派生类则体现出对象的个性和特殊性，基类的抽象程度高于派生类。

【例 6-5】　利用 Student 类及其派生类 College_Student，继续派生出两类：Graduate_Student 类和 Doctoral_Student 类，其继承关系图 6-3 所示。

【分析】

图中 object 类是 Python 语言基类，是所有类的父类。根据继承规则，object 类的所有属性和方法都被其派生类继承。其写法是在第一个新生成类的类名后跟小括号括起来的

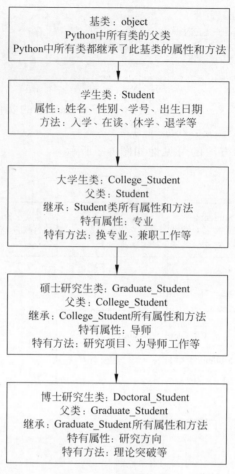

图 6-3　多级继承关系

object。注意，为表示概念的清晰 object 不应省略。

学生类 Student 的所有属性和方法都被后面的派生类继承，大学生类 College_Student、硕士研究生类 Graduate_Student 以此类推，所以在最后派生出的博士研究生类 Doctoral_Student 中，继承前辈的属性和方法最多，但写成程序的代码量却没增加多少，这就是继承的重要优点之一：继承提供了代码的可重用性，即代码编写和修改的效率大大增加，当然出错率也大大下降。

【参考代码】

```python
class Student(object):
    # 学生类:包含成员变量和成员方法
    def __init__(self, name, gender, ID, birth_date):
        # __init__为类的构造方法
        self.name = name
        # 初始化学生类 Student 的属性之一名字 name 并给 name 赋值
        self.gender = gender
        # 初始化学生类的属性之一性别 gender 并给 gender 赋值
        self.ID = ID
        # 初始化学生类的属性之一学号 ID 并给 ID 赋值
```

```
            self.birth_date = birth_date
                    # 初始化学生类的出生年月日属性 birth_date,并给 birth_date 赋值
        def getinfo(self):  # 成员方法
            print(self.__dict__)
        def entrance(self):  # 学生类的入学方法
            print("学生{}开始办理入学手续".format(self.name))
        def enrolled(self):  # 学生类的在读方法
            print("学生{}正在我校学习".format(self.name))
        def suspend(self):  # 学生类的休学方法
            print("学生{}开始办理休学手续".format(self.name))
        def drop_out(self):  # 学生类的退学方法
            print("学生{}开始办理退学手续".format(self.name))
class College_Student(Student):
    # 大学生类
    def __init__(self, name, gender, ID, birth_date, major):
        super().__init__(name, gender, ID, birth_date)
        self.major = major
    def change_major(self):  # 大学生类的转专业方法
        pass
    def part_time_work(self):  # 大学生类的兼职工作方法
        pass
class Graduate_Student(College_Student):
    # 硕士研究生类
    def __init__(self, name, gender, ID, birth_date, major, supervisor):
        super().__init__(name, gender, ID, birth_date, major)
        self.supervisor = supervisor
    def work_for_supervisor(self):  # 研究生类的为导师工作方法
        pass
class Doctoral_Student(Graduate_Student):
    # 博士研究生类
    def __init__(self, name, gender, ID, birth_date, major, supervisor, research):
        super().__init__(name, gender, ID, birth_date, major, supervisor)
        self.research = research
    def work_for_supervisor(self):  # 博士生类的为导师工作方法
        pass
    def theory_breakthrough(self):  # 博士生类的理论突破方法
        pass
```

Python 语言中派生属性的初始化在构造函数 __init__() 中进行,而本类的构造函数无法初始化基类的属性。为了能够访问基类的属性,使用一个名为 super() 的方法,这个方法专门用于在类中调用基类中的方法。

【语法格式】

```
super().方法名(参数)
super(基类名, self).方法名(参数)
```

【说明】

两种调用基类的方法使用以第一种为首选。调用基类的方法主要用于希望在派生类中继续保留基类功能的情况。对于派生类中没有定义的方法,Python 语言规定按继承关系沿回溯路径进行查找。

【演示】 创建 s8 对象,完成"小明办理入学手续"。

【分析】

初始化博士生小明的信息,利用 s8 对象调用 entrance()方法。

【参考代码】

```
>>> s8 = Doctoral_Student("小明","男","D001","20040110","理论物理","王教授","量子力学")
>>> s8. entrance ()
    学生小明开始办理入学手续
```

对象 s8 是 Doctoral_Student 类的实例,而 Doctoral_Student 类中并没有定义 entrance()方法,entrance()方法是在 Doctoral_Student 类的基类(祖宗类)Student 中进行定义的。Doctoral_Student 类继承了 Student 类,当然也继承了 Student 类中的所有方法。这时如果要调用 entrance()方法,Python 语言系统的查找顺序会沿着 Doctoral_Student 类、Doctoral_Student 类的基类 Graduate_Student 类,Graduate_Student 类的基类 College_Student 类和 College_Student 类的基类 Student 类依次查找,最先在哪个类中找到了 entrance()方法,就使用这个类的 entrance()方法。

注意,在本例中,entrance()方法在 Doctoral_Student 类、Graduate_Student 类和 College_Student 类中都不存在,所以 Python 语言就一直查到最顶层的 Student 类。Student 类中有 entrance()方法,所以就使用了 Student 类的 entrance()方法。如果假设 Student 类中也没有 entrance()方法,那么 Python 语言就会报错,提示没有方法可执行。

在大规模复杂编程的实际情况中,往往在各级别类中都有可能出现同名的方法,Python 语言按规定的查找途径,即从对象所属类出发,沿着类的继承关系逐级回溯查找要调用的类方法名,找到即调用,没找到则继续查上一个基类,直到最顶层的类。如果查到顶层类还没找到要找的方法,程序就报错停止。

具体的查找路径 Python 语言放在了每个类的__mro__属性(mro 是 method resolution order 的缩写,即方法解析顺序)中,可使用类似 print(类名.__mro__)的操作随时查看。

【演示】

```
>>> print(Doctoral_Student.__mro__)
  (<class '__main__.Doctoral_Student'>, <class '__main__.Graduate_Student'>, <class '__main__.College_Student'>, <class '__main__.Student'>, <class 'object'>)
```

4. 多重继承关系

现实世界中不止有类似祖父→父→子这类简单的继承关系,还有类似"孙悟空=神仙+猴子"这样的多重继承关系,也称为复合继承关系,在 Python 语言中这种继承关系也可以实现。

如创建一个新类"勤工俭学的大学生 Part_time_College_Student"。可以认为该类是大学生类(College_Student 类)和兼职工作类(Part_time_Working 类)的复合,这样在建立了 Student 类和 College_Student 类后还需要建立 Part_time_Working 类,其关系如图 6-4 所示。

这里的 Part_time_College_Student 类和 Part_time_Graduate_Student 类就是多重继承关系,Part_time_College_Student 类继承了 College_Student 类和 Part_time_Working 类,同时具备所继承的两个基类的属性和方法。

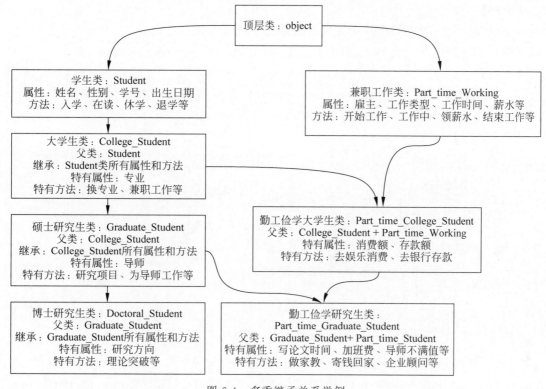

图 6-4　多重继承关系举例

Part_time_Working 类包含雇主、工作类型、工作时间、薪水等属性,其方法有开始工作、工作中、工作结束、领薪水等动作,定义如下:

```python
class Part_time_Working(object):  # 兼职工作类
    def __init__(self, employer, work_type, work_time, salary):  # 构造函数
        self.employer = employer
        self.work_type = work_type
        self.work_time = work_time
        self.salary = salary
    def begin_work(self):
        print("{}开始工作了".format(self.name))
    def working(self):
        print("{}正在工作中……".format(self.name))
    def end_work(self):
        print("{}的工作结束了".format(self.name))
    def get_paid(self):
        print("{}领工资了".format(self.name))
```

注意,Part_time_Working 类中的 name 属性不是其自己的属性,在 IDE 中是被反白标识出来的,需要等一个复合继承的对象初始化以后才可以访问到。

多重继承也可使用 class 语句实现。

【语法格式】

```
class 派生类名(基类名1,基类名2,…):
```

【说明】

在多重继承中,派生类将从指定的多个基类中继承所有公有成员。

【例 6-6】 构造复合类,勤工俭学大学生类：Part_time_College_Student。

【分析】

勤工俭学大学生类 Part_time_College_Student 由大学生类 College_Student 和兼职工作类 Part_time_Working 复合而成。

【参考代码】

```python
class Part_time_College_Student(College_Student, Part_time_Working):
    # 勤工俭学大学生类
    def __init__(self, name, gender, ID, birth_date, major, employer, work_type, work_time,
salary, expenditure, deposit):
        College_Student.__init__(self, name, gender, ID, birth_date, major)
        Part_time_Working.__init__(self, employer, work_type, work_time, salary)
        self.expenditure = expenditure
        self.deposit = deposit
    def entertain(self):
        print("{}去娱乐了.".format(self.name))
    def bank_saving(self):
        print("{}去银行存款了.".format(self.name))
```

这里多重继承关系的属性来自多个基类,初始化时应该将需要初始化的属性全部写在构造方法的参数中。在本例中 College_Student 类有 5 个属性需要初始化,Part_time_Working 类有 6 个,应该在 __init__() 方法中全部列出：

```python
def __init__(self, name, gender, ID, birth_date, major, employer, work_type, work_time,
salary, expenditure, deposit):
```

初始化的实际工作应该分别交给各自基类的初始化方法去做,此处不建议用 super() 方法,由于 super() 的限制,只能初始化第一个基类,且容易引起混乱：

```python
College_Student.__init__(self, name, gender, ID, birth_date, major)
Part_time_Working.__init__(self, employer, work_type, work_time, salary)
```

【例 6-7】 在主程序中初始化对象,并操作对象。

```python
p9 = Part_time_College_Student("小明", "male", "M001", "20040110","Physics", "NJUST",
"Cleaning", 5, 1500, 300, 500)
print("打工学生的名字是{},".format(p9.name))
print("他每天工作{}小时,".format(p9.work_time))
print("每个月的薪水是{}元.".format(p9.salary))
p9.begin_work()
p9.get_paid()
```

程序执行结果：

```
打工学生的名字是小明,
他每天工作 5 小时,
每个月的薪水是 1500 元.
```

小明开始工作了
小明领工资了

6.2.2　多态

Python 语言也支持多态(polymorphic)。所谓多态是指不同类中的一个名称相同的方法产生了不同的动作行为,即不同对象收到相同的消息时产生了不同的行为方式。多态允许将基类对象赋值成为其派生类对象,赋值之后基类对象可以根据当前赋值给它的派生类对象的特性以不同的方式运作。

多态可以通过覆盖和重载两种方式来实现。覆盖是指在派生类中重新定义从基类中继承来的基类成员方法;重载则是指允许存在多个同名函数,而这些函数的参数列表有所不同。Python 语言系统会根据调用时传入参数(对象)的不同,自动调用对象所属类中相应的方法。

【例 6-8】 类的多态性举例。
【参考代码】

```python
class Student(object):                      # 学生类:包含属性和方法
    def __init__(self, name, gender, ID, birth_date): # __init__()为类的构造方法
        self.name = name                    # 初始化学生类 Student 的属性 name
        self.gender = gender                # 初始化学生类的属性 gender
        self.ID = ID                        # 初始化学生类的属性 ID
        self.birth_date = birth_date        # 初始化学生类的属性 birth_date
        self.__health = "Good"              # 私有属性__health 初始化
    def getinfo(self):                      # 成员方法
        print("{}的健康状况是".format(self.name), "{}".format(self.__health))
        self.__see_doctor()                 # 内部方法可以调用私有方法__see_doctor()
    def __see_doctor(self):                 # 定义私有方法__see_doctor()
        print("提醒{}去医院检查身体.".format(self.name))
    def study(self):
        print("{}是学生,学生要上课、写作业".format(self.name))
    def entrance(self):                     # 学生类的入学方法
        print("学生{}开始办理入学手续".format(self.name))
    def enrolled(self):                     # 学生类的在读方法
        print("学生{}正在我校学习".format(self.name))
    def suspend(self):                      # 学生类的休学方法
        print("学生{}开始办理休学手续".format(self.name))
    def drop_out(self):                     # 学生类的退学方法
        print("学生{}开始办理退学手续".format(self.name))
```

学生类 Student 中加入了一个公共方法,名为 study(),用来输出学生学习时要完成的任务,而在 Student 类派生的大学生 College_Student 类及其后派生的硕士研究生 Graduate_Student 类和博士研究生 Doctoral_Student 类中都加入了 study()方法,目的也都相同。

```python
class College_Student(Student):
    def __init__(self, name, gender, ID, birth_date, major):
        super().__init__(name, gender, ID, birth_date)
        self.major = major
```

```
    def change_major(self):              # 大学生类的转专业方法
        pass
    def study(self):
        print("{}是大学生,大学生要上课、写作业、做试验".format(self.name))
    def part_time_work(self):            # 大学生类的兼职工作方法
        pass
class Graduate_Student(College_Student):
    def __init__(self, name, gender, ID, birth_date, major, supervisor):
        super().__init__(name, gender, ID, birth_date, major)
        self.supervisor = supervisor
    def study(self):
        print("{}是硕士研究生,硕士研究生要上课、写作业、做试验、写论文".format(self.name))
    def work_for_supervisor(self):       # 研究生类的为导师工作方法
        pass
class Doctoral_Student(Graduate_Student):
    def __init__(self, name, gender, ID, birth_date, major, supervisor, research):
        super().__init__(name, gender, ID, birth_date, major, supervisor)
        self.research = research
    def study(self):
        print("{}是博士研究生,博士研究生要上课、写作业、做试验、写论文、发文章".format(self.
name))
    def work_for_supervisor(self):       # 博士研究生类的为导师工作方法
        pass
```

主程序中定义一个 student_todo() 函数,完成输出 student_todo() 函数的参数所代表的学生要做的事情,代码第一行传递一个初始化好的对象给函数,第二行调用参数对象的方法来打印该对象要完成的事情。

```
def student_todo(object):
    object.study()
# 初始化对象:
s1 = Student("李明", "男", "20220101", "20040110")
    # 创建 s1 对象,学生李明
s5 = College_Student("王虎", "男", "B001", "20040110", "物理")
    # 创建 s5 对象,大学生王虎
s6 = Graduate_Student("孙静", "女", "M001", "20040110", "理论物理", "李教授")
    # 创建 s6 对象,硕士研究生孙静
s8 = Doctoral_Student("张莉", "女", "D001", "20040110", "理论物理", "王教授", "量子力学")
    # 创建 s8 对象,博士研究生张莉
# 调用 student_todo(object)函数
student_todo(s1)
student_todo(s5)
student_todo(s6)
student_todo(s8)
```

程序执行结果:

```
李明是学生,学生要上课、写作业
王虎是大学生,大学生要上课、写作业、做试验
孙静是硕士研究生,硕士研究生要上课、写作业、做试验、写论文
张莉是博士研究生,博士研究生要上课、写作业、做试验、写论文、发文章
```

6.2.3 类和对象的操作

1. 删除对象

类的实例用完以后是可以删除的,在 Python 语言中规定用 del 删除对象。比如在例 6-8 中,在使用完 s8 后欲删除则可以在程序中输入:

```
del s8
```

删除对象的工作实际是系统自动在后台回收 s8 对象所占用的内存空间。注意,对象被删除后再调用,系统会提示出错。

【例 6-9】 删除对象。

```
del s8
print(s8.name)
```

程序执行结果:

```
Traceback (most recent call last):
  File "D:\Python\test.py", line 102, in <module>
    print(s8.name)
NameError: name 's8' is not defined. Did you mean: 's1'?
```

2. 析构方法

在删除对象和程序结束这两个时刻,实际上有一个 Python 语言的内置方法被自动默认地执行了,只是没有显示出来。这个方法就是__del__()方法,它在对象被删之前最后一个被执行。它的写法与__init__()方法一样,都是以 2 个下画线开头,以 2 个下画线结尾,只不过中间的英文变成了 del(delete 的简写)。

利用这个机制,可以编写自定义的__del__()方法(其实这也是面向对象编程中的多态,自定义的__del__()方法重写了系统自带的__del__()方法),自动实现在对象被删除前最后想做的事。

【例 6-10】 在博士研究生 Doctoral_Student 类后加入自定义的__del__()方法,输出"博士研究生某某被删除"。

【参考代码】

```
class Doctoral_Student(Graduate_Student):
    def __init__(self,name,gender,ID,birth_date,major,supervisor,research):
        super().__init__(name, gender, ID, birth_date, major, supervisor)
        self.research = research
    def study(self):
        print("{}是博士研究生,博士研究生要上课、写作业、做试验、写论文、发文章".format
(self.name))
    def work_for_supervisor(self): # 博士研究生类的为导师工作方法
        pass
    def __del__(self):
        print("博士研究生{}被删除".format(self.name))
```

同样创建对象 s8,再删除。

```
s8 = Doctoral_Student("孙莉","女","D001","20040110","理论物理","王教授","量子力学")
del s8
```

程序执行结果：

```
博士研究生孙莉被删除
```

3. 方法的分类

定义类时，除了定义成员属性之外，还需要在类中定义一些函数，以便对类的成员属性进行操作。类的成员方法分为 3 大类，分别为对象方法、类方法和静态方法。

1) 对象方法

类中的对象方法是类的对象所拥有的成员方法。定义对象方法时，至少需要定义一个参数，而且必须以类的对象作为第一个参数。

【语法格式】

```
def 方法名(self, 参数 2, 参数 3, …):
    方法内容
```

【说明】

def 是关键字，对象方法的方法名和普通函数名一样，需要满足标识符规则，第一个参数的名称为 self，注意使用前必须建立对象并初始化。

定义对象方法后，只能通过对象名、圆点运算符和方法名来调用对象方法，不需要将对象作为参数传入方法中。

【语法格式】

```
对象名.方法名([参数])
```

【说明】

参数是除对象之外的其他参数。通过对象名调用对象方法时，当前对象会自动传入对象方法中，不需要再次传入实例对象，否则会出现 TypeError 错误。

例 6-10 中，Student 类中的 study()方法和 entrance()方法、Graduate_Student 类中的 work_for_supervisor()方法等都是对象方法。对象方法可以调用普通方法、类方法和静态方法，调用格式分别为对象名.方法名()、类名.方法名()和类名.方法名()。

2) 类方法

类方法是类对象本身拥有的成员方法，通常可以用于对类属性进行修改。类方法使用方便，不用初始化对象，可以直接调用。定义时使用@classmethod 修饰，第一个参数必须为 cls。

【语法格式】

```
@classmethod
def 方法名(cls,…):
    方法内容
```

【说明】

第一个参数用于接收类对象本身，按照惯例名称用 cls 代表类。定义了类方法之后，可以通过类对象或一般对象来访问它。

【语法格式】

类名.方法名([参数])
对象名.方法名([参数])

【说明】

参数是除类对象之外的其他参数。不论使用哪种方式调用类方法,都不需要将类名作为参数传入,否则会出现 TypeError 错误,此时只需要传入其他参数就可以了。类方法可调用类方法和静态方法,不可调用普通方法。

3)静态方法

类中的静态方法既不属于类对象,也不属于一般对象,它只是类中的一个普通成员函数。与类方法和对象方法不同,静态方法可以带任意数量的参数,也可以不带任何参数。静态方法使用更方便,不用初始化对象,可类似调用函数一样直接调用。

【语法格式】

@staticmethod
def 方法([参数]):
    方法内容

【说明】

@staticmethod 写在静态方法前,单独占一行。def 为关键字,静态方法的参数可以根据实际确定。

类中静态方法与一般类的成员函数一样,可以直接使用。在类的外部,则可以通过类对象或一般对象来调用静态方法。

【语法格式】

类名.静态方法名([参数])
对象名.静态方法名([参数])

【说明】

当定义一个类时,静态方法可调用类方法和静态方法,不可调用普通方法。可以在类的静态方法中通过类名来访问类属性,但是不能在静态方法中访问对象属性。

同样道理,也有一种属性称为静态属性。

【例 6-11】 3 种方法的示例。

【参考代码】

```python
class Student(object):                              # 学生类:包含成员变量和成员方法
    NCEE = "我们都通过了高考"
    def __init__(self, name, gender, ID, birth_date):    # __init__()为类的构造方法
        self.name = name                            # 初始化学生类 Student 的属性 name
        self.gender = gender                        # 初始化学生类的属性 gender
        self.ID = ID                                # 初始化学生类的属性 ID
        self.birth_date = birth_date                # 初始化学生类的属性 birth_date
        self.__health = "Good"                      # 私有属性__health初始化
    def getinfo(self):                              # 普通方法
```

```
        print("{}的健康状况是".format(self.name), "{}".format(self.__health))
        self.__see_doctor()                     # 内部方法可以调用私有方法__see_doctor()
    # 定义私有方法__see_doctor()
    def __see_doctor(self):
        print("提醒{}去医院检查身体.".format(self.name))
    # 修饰符,表示下面的方法是类方法
    @classmethod
    def from_school(cls):
        print("我来自高级中学")
    def study(self):
        print("{}是中学生,中学生要上课、写作业".format(self.name))
    # 修饰符,表示下面的方法是静态方法
    @staticmethod
    def show_target():
        print("我们的目标是成为对社会有益的人")
    def entrance(self):                         # 学生类的入学方法
        print("学生{}开始办理入学手续".format(self.name))
    def enrolled(self):                         # 学生类的在读方法
        print("学生{}正在我校学习".format(self.name))
    def suspend(self):                          # 学生类的休学方法
        print("学生{}开始办理休学手续".format(self.name))
    def drop_out(self):                         # 学生类的退学方法
        print("学生{}开始办理退学手续".format(self.name))
```

类中定义的方法 from_school() 为类方法,show_target() 为静态方法,定义的变量 NCEE 是静态属性。

以下程序语句调用类方法、静态方法并访问静态属性:

```
Student.from_school()         # 无对象直接调用类方法
Student.show_target()         # 无对象直接调用静态方法
print(Student.NCEE)           # 类外直接访问静态属性
```

程序执行结果:

```
我来自高级中学
我们的目标是成为对社会有益的人
我们都通过了高考
```

4. 对象属性的操作

1) 删除对象属性的 delattr() 函数

在建立对象以后,Python 语言允许使用 delattr() 函数来删除对象的属性。注意,这里只允许删除对象的属性,而不允许删除类的属性,因为类的属性一般有多个实例,而且很可能还有类之间的继承关系,一旦删除影响太大,极易造成混乱。

【语法格式】

```
delattr(对象名,属性名)
```

【说明】

delattr() 属于 Python 语言的内置函数,没有返回值。

【例 6-12】 在例 6-11 定义的类下，创建对象 s8，观察删除其属性。

```
# 初始化对象，创建 s8 对象，博士研究生小莉
s8 = Doctoral_Student("小莉","女","D001","20040110","理论物理","王教授","量子力学")
print(s8.__dict__)
delattr (s8, "research")          # 删除最后一个属性 research
print(s8.__dict__)                # 查看对象 s8 的全部属性
```

程序执行结果：

```
{'name': '小莉', 'gender': '女', 'ID': 'D001', 'birth_date': '20040110', '_Student__health':'Good',
'major': '理论物理', 'supervisor': '王教授', 'research': '量子力学'}
{'name': '小莉', 'gender': '女', 'ID': 'D001', 'birth_date': '20040110', '_Student__health': 'Good',
'major': '理论物理', 'supervisor': '王教授'}
```

可以看到对象 s8 最后的属性 research 被删除。

2）设置对象属性的 setattr()函数

在建立对象以后，如果需要增加或修改对象的属性，可以在主程序中使用 setattr()函数。setattr()是一个内置函数，其功能就是添加（如果对象原来没有这个属性）对象的属性或修改（对象已有这个属性）对象的属性值。

【语法格式】

```
setattr(对象名, "属性名", 属性值)
```

【说明】

setattr()函数用于设置属性值，该属性不一定存在，函数没有返回值。属性名是字符串格式。

【例 6-13】 例 6-12 在使用 delattr()函数删除了 s8 对象中的 research 属性后，用 setattr()函数加入 research 属性。

```
setattr(s8, "research", "凝聚态物理")    # 添加属性 research
print(s8.__dict__)                       # 查看对象 s8 的全部属性
```

程序执行结果：

```
{'name': '小莉', 'gender': '女', 'ID': 'D001', 'birth_date': '20040110', '_Student__health': 'Good',
'major': '理论物理', 'supervisor': '王教授', 'research': '凝聚态物理'
```

从结果中可以发现已删除的不存在的 research 属性又添加进来。

对于已存在的 research 属性内容是可以修改的：

```
setattr(s8, "research", "量子力学")     # 修改已存在的属性 research
print(s8.__dict__)                      # 查看对象 s8 的全部属性
```

这里修改了 s8 对象的 research 属性内容。当然，对于对象已有的属性，还有更一般的修改方式：对象名.属性名＝属性值，即

```
s8.research = "量子力学"                # 修改已存在的属性 research
print(s8.__dict__)                      # 查看对象 s8 的全部属性
```

同样可以完成 s8 的 research 属性值的修改。程序执行结果均为：

```
{'name': '小莉', 'gender': '女', 'ID': 'D001', 'birth_date': '20040110', '_Student__health': 'Good',
'major': '理论物理', 'supervisor':'王教授', 'research': '量子力学'}
```

3）获取对象属性的 getattr()函数

在编程中有时需要查找对象的属性值，Python 语言提供 getattr()函数来获取对象指定属性的值。

【语法格式】

```
getattr(对象名, 属性名)
```

【说明】

属性名采用字符串格式。getattr()函数的返回值根据参数的不同分为两类：当类中存在对象且对象中存在参数中的指定属性时，getattr()函数返回指定属性的属性值；当对象不存在或者对象存在但指定属性名的属性不存在时，getattr()函数报错。函数报错分别返回对象名没定义或者对象属性不存在，提示信息分别为 NameError：name '对象名' is not defined 或者 AttributeError：'类名' object has no attribute '属性名'。

【演示】 利用 gettattr()函数返回指定属性的属性值，对象名和属性名正确，程序输出正确结果。

```
>>> print(getattr(s8,"research"))
    量子力学
```

当输入错误的 research 属性名时，程序运行后报错，提示 Doctoral_Student 类的对象没有 reserach 属性。

```
>>> print(getattr(s8,"reserach"))
    Traceback (most recent call last):
        File "< pyshell # 236 >", line 1, in < module >
            print(getattr(s8,"reserach"))
    AttributeError: 'Doctoral_Student' object has no attribute 'reserach'. Did you mean:
'research'?
```

4）判断对象的属性是否存在的 hasattr()函数

Python 语言中的 hasattr()函数用于判断对象是否包含对应的属性。

【语法格式】

```
hasattr(对象名, 属性名)
```

【说明】

hasattr()函数返回值为布尔值：对象名所指对象中存在参数中属性名对应的属性时返回 True,不存在时则返回 False。

【演示】 hasattr()函数的使用。

```
>>> print(hasattr(s8,"research"),hasattr(s8,"reserach"))
    True False
```

本 章 小 结

面向对象的编程思想实质是对客观事物的抽象，类是实现面向对象编程的基础。本章先引入了类和对象的基本概念，接着介绍了面向对象的 3 大特性：封装、继承、多态。继承能够提高代码的可扩展性和重用性，Python 语言的继承分为单一继承和多重继承两种。多态是基于继承和重写两种技术实现的，多态能够提高代码的灵活性和可扩展性。最后利用实例介绍了类和对象的使用方法。

本 章 习 题

(1) 面向对象的编程方法和面向过程的编程方法各有什么优点和缺点？

(2) 面向对象编程的 3 大特性是什么？这 3 大特性分别有什么优点？

(3) 构造一个银行储蓄账户类，并使用此类生成两个对象，对象名自己取。

类名：Account。

属性：name(姓名)、balance(余额)、password(密码)。

方法：deposit(存款)、withdraw(取款)、getBalance(查询余额)、showAccount(显示账户信息)。

(4) 类的初始化方法是什么？有什么用途？

(5) 类的析构方法是什么？有什么用途？

(6) 多重继承后如果遇到名字相同的方法，Python 语言是如何处理的？

(7) 为什么有时要将属性私有化？如何私有化？

第7章　文件处理

文件是计算机操作系统为用户或者应用程序提供的一个读写硬盘的虚拟单位,是存储在外存储器中的一组相关信息的集合。文件处理可以保证代码输入和输出的正确性,并实现程序及结果的长期保存。文件操作的核心就是读和写,通过进行读写操作,实现对操作系统发送请求,并由操作系统完成将用户或者应用程序对文件读写操作转换为具体的硬盘指令。本章介绍 Python 语言提供的相应文件处理方法。

7.1　基本概念

7.1.1　文件与文件名

在 Python 语言中,根据组成文件内容的数据格式,可将文件分为包含二进制数据的二进制文件和由字符序列组成的文本文件(也称 ASCII 码文件)。文本文件中存取信息的最小单位是一个字符,而二进制文件中存取信息的最小单位是一个字节。

文件都是按文件名访问的,文件名的长度和命名规则因不同的操作系统而异。无论是何种操作系统,相应的文件名都包含两部分:主文件名和扩展名,中间用“.”分隔。主文件名由用户根据操作系统的命名规则自行命名,以便与其他文件加以区别并实现文件的按名存取;文件的扩展名是文件类型的缩写,具体与打开和操作该文件的应用程序相关,通过扩展名指定访问和处理文件的应用程序。编写并保存的 Python 语言源程序文件对应的扩展名就是 py,其表示该文件需要用 Python 语言编辑器打开和处理。

7.1.2　文件路径

目录用以组织和管理一组相关文件,又称为文件夹,目录采用层次结构。一级目录下又可有子目录。文件可存放在盘中某一个目录下,也可存放在多层子目录中。文件保存的位置称为路径。在 Windows 操作系统下,通常用反斜杠“\”把盘符、目录和文件之间进行分隔,文件位置的描述有如下两种方式。

1. 绝对路径

绝对路径是指从文件所在驱动器名称(又称“盘符”)开始描述文件的保存位置。如文件 test. py 存放于 C 盘的 Python 目录下,则该文件的绝对路径可写为“C:\Python\test. py”。在 Python 语言程序中使用字符串描述一个文件的路径,由于反斜杠“\”是转义字符,因此在字符串中需要连续写两个反斜杠,如“C:\\Python\\test. py”。

为了书写简便和明确,Python 语言也提供了一种路径字符串的表示方法:

```
r"C:\Python\test.py"
```

其中,r 表示取消后续字符串中反斜杠"\"的转义特性。

2. 相对路径

相对路径是指从当前工作目录开始描述文件的位置。每个运行的程序都有一个当前工作目录,又称为 cwd。系统默认当前工作目录为应用程序的安装目录,能通过 Python 语言自带的 os 库函数重新设置。

【演示】 将系统默认的 cwd 目录设置为 C 盘根目录下的 Python 目录。

```
>>> import os
>>> os.getcwd()                    #查看当前工作目录
>>> os.chdir('C:\\Python')         #修改当前工作目录为 C 盘根目录下 Python 目录
```

当前的工作目录被修改为 C 盘根目录下的 Python 目录。此时,文件的相对路径就可以描述为"当前目录下的 test 文件",用 Python 语言中的字符串表示为"\\test.py"。

和绝对路径相比,相对路径中的盘符直到当前工作目录部分都省略了,系统默认从当前工作目录开始根据路径描述来定位文件。此外有一个特殊的标记"..",它表示当前目录的上一级目录。

通过绝对路径或者相对路径可以正确地找到任何一个文件,继而可以进行相关的文件操作。通常使用文件的方法基本上是统一的,首先打开一个文件,然后从文件中读取数据或将数据写入文件中。最后,当不再使用文件时,要关闭文件。

7.2 文件的打开与关闭

7.2.1 文件打开

操作系统提供了文件操作的基本功能,大多数文件都是长期保存在外部存储器(即外存)的,需要操作时必须先调入内存,才能由 CPU 进行处理。

"打开"操作就是将文件从外存调入内存的过程,在程序和操作系统之间建立某种联系,程序将所要操作文件的基本信息通知操作系统,这些信息包括文件的路径、读写方式以及读写位置等。如果要读取文件,则首先需要检查该文件是否存在;如果要写入文件,则需要检测在目标位置上是否存在同名文件,如果有则应首先删除该文件,然后创建一个新文件并定位到文件开头,准备执行写入操作。读写文件就是请求操作系统打开一个文件对象(通常称为文件描述符),然后,通过操作系统提供的接口从这个文件对象中读取数据(读文件),或者把数据写入这个文件对象(写文件)。

Python 语言通过内置的 open()函数生成一个 File 对象,完成文件的打开;如果无法打开指定的文件,则会引发错误。

【语法格式】

```
文件对象 = open(文件名 [,打开模式][,缓冲区[,编码]])
```

【说明】

(1) 文件名:一个包含了将要访问的文件名称的字符串。

(2) 打开模式:一个可选的字符串,用于指定打开文件的模式——只读、写入或追加等。参数可省略,默认值"r"用来设置文件访问模式为只读,决定打开文件的模式。文件打开模式的取值如表 7-1 所示。

表 7-1   文件打开模式的取值

打开模式	文件类型	操作方式	文件不存在时	是否覆盖写
r		只可读	报错	—
r+		可读可写	报错	是
w		只可写	新建文件	是
w+	t,文本文件	可读可写	新建文件	是
a		只可写	新建文件	否,从 EOF 处开始追加写
a+		可读可写	新建文件	否,从 EOF 处开始追加写
rb		只可读	报错	—
rb+		可读可写	报错	是
wb		只可写	新建文件	是
wb+	b,二进制文件	可读可写	新建文件	是
ab		只可写	新建文件	否,从 EOF 处开始追加写
ab+		可读可写	新建文件	否,从 EOF 处开始追加写

其中"r"(读取)和"t"(文本)是默认值,可以省略。注意,打开文件前要确保文件存在,否则将会收到 open()函数给出的一个 IOError 的错误消息。

(3) 缓冲区:一个整数参数,用于设置文件操作是否使用缓冲区。该参数默认值为−1,表示使用系统默认的缓冲区大小进行缓冲存储;若该参数设置为 0(仅适用于二进制文件),则表示不使用缓冲存储;若该参数设置为 1(仅适用于文本文件),则表示使用行缓冲;若该参数设置为大于 1 的整数,则表示使用缓冲存储,并且缓冲区大小由该参数指定。

(4) 编码:指定文件所使用的编码格式,该参数只在文本模式下使用。该参数没有默认值,默认编码方式依赖于平台,在 Windows 平台上默认的文本文件编码格式为 ANSI。若要以 Unicode 编码格式创建文本文件,可将编码参数设置为 utf-32;若要以 UTF-8 编码格式创建文件,可将该参数设置为 utf-8。

【演示】   文件打开。

```
>>> f = open("demofile.txt","wt")
>>> f = open("demofile.txt","wt")        # 打开当前目录下的文件 demofile.txt,准备写入信息
>>> f = open("demofile.txt","rt")        # 打开当前目录下的文件 demofile.txt,准备读出信息
>>> f = open("demofile.txt")             # 以默认参数打开,相当于"rt"
>>> f = open("c:\\demofile.txt")      # 错误路径
    Traceback (most recent call last):
     File "<pyshell# 10>", line 1, in <module>
        f = open("c:\\demofile.txt")  # 错误路径
    FileNotFoundError: [Errno 2] No such file or directory: 'c:\\demofile.txt'
```

7.2.2 文件关闭

通过 open()函数打开文件时会返回一个文件对象,它具有的特定属性和方法可用来对所打开的文件进行各种操作。打开的文件被 Python 程序占用并调入内存后,所有的读写操作都发生在内存,而此时其他应用程序就不能对该文件进行任何操作。

当读写操作结束后,需要将文件从内存传递至外存,实现文件数据长期保存在外存,同时释放 Python 程序对文件的占用,以便其他应用程序能够操作该文件。

Python 语言通过 close()方法实现关闭文件的操作。

【语法格式】

```
文件对象.close()
```

【说明】

close()方法用于关闭使用 open()函数打开的文件,完成将缓冲区中的数据写入文件,然后释放文件对象。文件关闭之后,将不能再访问该文件对象的属性和方法。如果想继续使用文件,则必须重新用 open()函数打开文件。

【例 7-1】 关闭文件。

【分析】

当前文件夹下存在文件 t.txt,文件内容为"This is a test message."。

【参考代码】

```
textFile = open("t.txt","rt")      # 打开当前目录下的文本文件 t.txt
print("文件名:",textFile.name)
print("文件对象类型:",type(textFile))
print("文件缓冲区:",textFile.buffer)
print("文件打开模式:",textFile.mode)
print("文件是否关闭:",textFile.closed)
textFile.close()                   # 关闭文件
```

程序执行结果:

```
文件名: t.txt
文件对象类型:<class '_io.TextIOWrapper'>
文件缓冲区:<_io.BufferedReader name = 't.txt'>
文件打开模式:rt
文件是否关闭:False
```

7.2.3 with 语句

为了避免文件的 I/O 的冲突,节约内存的使用,通常情况下,打开文件操作完毕之后,要及时将文件关闭。但每次文件打开、关闭会比较烦琐,Python 语言提供了 with 语句来解决这个问题。使用 with 语句对文件操作,可不使用 close()方法关闭,with 语句会自动完成文件关闭。通过 with 语句可解决异常退出时的资源释放问题,以及用户忘记调用 close()方法而产生的资源泄漏问题。

【语法格式】

```
with open(文件名,模式) as 文件对象:
    文件对象.方法()
```

【说明】

open 后的参数与前述相同,as 后的文件对象就是给打开的文本文件取的名字,注意不能与其他变量或者关键字冲突。

【例 7-2】 利用 with 访问 t.txt 文件。

【参考代码】

```
with open('t.txt', 'r') as textFile:
    print("文件名:",textFile.name)
    print("文件对象类型:",type(textFile))
    print("文件缓冲区:",textFile.buffer)
    print("文件打开模式:",textFile.mode)
    print("文件是否关闭:",textFile.closed)
print("文件是否关闭:",textFile.closed)
```

程序执行结果:

```
文件名: t.txt
文件对象类型: < class '_io.TextIOWrapper'>
文件缓冲区: <_io.BufferedReader name = 't.txt'>
文件打开模式: r
文件是否关闭: False
文件是否关闭: True
```

从执行结果可以看出,利用 with 语句完成了文件的打开,可以输出文件的相关信息,"文件是否关闭"判断结果为 False。但若在采用 with 语句之后再行判断时,"文件是否关闭"判断结果将为 True,即文件已经关闭。可见虽然没有调用 close()方法,但依然完成了文件关闭,因此建议使用 with 语句进行文件打开操作。

7.3 文 本 文 件

7.3.1 文件格式

文本文件是一种常用的计算机文件,它属于顺序文件。在文本文件中英文、数字等字符用 ASCII 码存储、汉字由机内码形式存储。文本文件除了存储有效字符(包括回车、换行等)信息外,不能存储其他任何信息。文本文件可以在 UNIX、Macintosh、Microsoft Windows、DOS 和其他操作系统之间自由交互,而其他格式的文件是很难做到这一点的。文本文件可以使用多数编辑程序打开,由于结构比较简单,文本文件被广泛用于记录信息,它能避免其他文件格式遇到的一些问题。

通常文本文件由若干行字符构成,因此通过在文本文件最后一行后放置文件结束标志,用以指明文件的结束。在 Windows 系统中,文本文件的扩展名为 txt。但有些文本文件出于特定要求也使用其他扩展名。例如,计算机程序设计语言的源程序就是文本文件,其扩展名主要用来指明程序语言。Python 语言的源程序文件的扩展名为 py,C 语言源程序文件的扩展名为 c 等,但这些都属于文本文件。

7.3.2 读文件

读写文件是最常见的 I/O 操作。在磁盘上读写文件的功能都是由操作系统提供的,现代操作系统不允许普通的程序直接操作磁盘,所以,读写文件就是请求操作系统打开一个文件对象(通常称为文件描述符),然后,通过操作系统提供的接口从这个文件对象中读取数据(读文件),或者把数据写入这个文件对象(写文件)。

Python 语言内置了读写文件的函数。文本文件是基于字符编码的文件,使用内置函数 open()以文本模式打开一个文件后,通过调用文件对象的 read()、readline()和 readlines()方法可很容易地实现文本文件的读写操作。

1. read()

文件对象的 read()方法完成从当前位置读取指定数量的字符,并将读取的内容以字符串形式返回。

【语法格式】

```
字符串变量 = 文件对象.read([size])
```

【说明】

文件对象必须是已打开的,相应的打开文件模式也必须为可读模式。参数 size 是一个可选的非负整数,用于指定从当前位置开始读取的字符数量,如果该参数为负或省略,系统则从文件当前位置开始读取,直至文件结束。如果参数 size 的值大于从当前位置到文件末尾的字符数,系统则仅读取并返回这些字符。

实际打开文件时,当前读取位置在文件开头,每次读取内容之后,读取位置处会自动移到下一个字符,直至达到文件末尾。如果当前处在文件末尾,系统则会返回一个空字符串。

【例 7-3】 打开文件 t.txt,读出内容并输出。

【参考代码】

```
textFile = open("t.txt","rt")      ＃ 打开当前目录下的文本文件 t.txt
t = textFile.read()                ＃ 将文件内容送入变量
print(t)                           ＃ 输出变量内容
textFile.close()                   ＃ 关闭文件
```

程序执行结果:

```
This is a test message.
```

程序读取了 t.txt 文件中的所有内容,并将其作为一个字符串返回赋值给了变量 s。

2. readline()

文件对象的 readline()方法是从文件当前行的当前位置开始读取指定数量的字符并以字符串形式返回。

【语法格式】

```
字符串变量 = 文件对象.readline([size])
```

【说明】

文件对象必须是已打开的,相应的打开文件模式也必须为可读模式。参数 size 是一个可省略的非负整数,用于指定从文件当前行的当前位置开始读取的字符数。如果省略参数 size,系统则会读取从当前行的当前位置到当前行尾的全部内容,包括换行符"\n"。

注意,若参数 size 的值大于从当前位置到行末尾的字符数,系统则会仅读取并返回这些字符,包括"\n"字符在内。刚打开文件时,当前读取位置在第一行。每读完一行,当前读取位置自动移至下一行,直至到达文件末尾。如果当前处于文件末尾,系统则返回一个空字符串。

【例 7-4】 当前文件夹下存在文本文件 demofile.txt,使用 readline()方法读取文件内容,并过滤掉行末尾的换行符。

文本文件 demofile.txt 的内容:

```
This is a test message.
Hello world!
Hello Python 语言!
```

【分析】

若要通过序列切片操作过滤掉文本行末尾的换行符,可以对包含换行符的字符串加上"[:-1]"。

【参考代码】

```
file = open("demofile.txt","r")  # 打开文件,当前位置为文件第 1 行第 1 个字符
line = file.readline()
     # 读取当前位置到换行,即第 1 行信息包括换行;当前位置改为第 2 行第 1 个字符
print(line)                      # 输出读取的信息包括一个换行,即出现一个空行
line = file.readline(30)
     # 读取字符数 30 大于第 2 行字符总数,读取第 2 行包括换行;当前位置改为第 3 行第 1 个字符
print(line[:-1])                 # 输出读取的信息,利用切片去掉读取信息中的换行
line = file.readline(4)          # 读取第 3 行前 4 个字符,后续准备从第 3 行第 5 个字符读起
print(line)                      # 输出读取的信息
line = file.readline()    # 读取当前位置到换行,即第 3 行信息包括换行;当前位置为文件尾
print(line)                      # 输出读取的信息
file.close()                     # 关闭文件
```

程序执行结果:

```
This is a test message.
Hello world!
Hell
o Python 语言!
```

程序通过连续调用了 4 次 readline()方法,依次读出了文本文件 demofile.txt 的信息。可见,如果文本文件包含更多行,只需配合恰当的循环结构就可顺利按行读出文件内容。

3. readlines()

文件对象的 readlines() 方法和不指定 size 参数的 read() 方法类似,都是返回整个文件内容,但是 readlines() 方法以列表的形式返回整个文件的内容。

【语法格式】

```
列表变量 = 文件对象.readlines()
```

【说明】

文件对象的 readlines() 方法返回一个字符串列表,而列表中的每个元素就是文件中的每行包括换行符"\n"在内的字符串。如果文件没有内容,即打开文件就处于文件末尾,系统则返回一个空列表。和 readline() 方法一样,readlines() 方法在读取每一行时,会连同行尾的换行符一块读取。

注意,文件对象必须是已打开的,相应的打开文件模式也必须为可读模式。

【例 7-5】 将文本文件 yang.txt(内容见图 7-1)中的杨辉三角数据居中输出。

【分析】

打开文本文件,使用 for 循环遍历 readlines() 方法返回的列表,如果当前行内容包含换行符,则移除之,然后居中输出。

文本文件 yang.txt 的内容(杨辉三角前 10 行数据,按行存放)如图 7-1 所示。

图 7-1 yang.txt 文件内容

【参考代码】

```python
with open("yang.txt", "r") as file:
                         # 打开文件
    lines = file.readlines()
        # 将文件内容读取到列表 lines
    for line in lines:
        # 利用循环获取每一行内容
        print("{:^80}".format(line[:-1]))
        # 按居中格式输出列表的每个元素
```

程序执行结果:

7.3.3 写文件

当采用只写模式或读/写模式打开一个文本文件后,可以调用文件对象的 write() 方法

文件处理

和 writelines()方法向该文件中写入文本内容。

1. write()

Python 语言中的文件对象提供 write()方法,向文件当前位置写入字符串并返回写入的字符个数。

【语法格式】

```
文件对象.write(字符串)
```

【说明】

文件对象是通过调用 open()函数以"w""w+""a"或"a+"模式打开文件时返回的文件对象;字符串参数指定要写入文本流的文本内容。

注意,当采用可读/写模式打开文件时,因为完成写入操作后,文件指针(当前读/写位置)处在文件末尾,此时无法直接读取到文本内容,除非使用 seek()方法将文件指针移动到文件开头。

【例 7-6】 采用 write()方法将文本文件 t. txt 文件的内容复制到 copyt. txt 文件中。

【参考代码】

```
source = open("t.txt","r")          # 读方式打开源文件
target = open("copyt.txt","w")      # 写方式打开目标文件
s = source.read()                   # 读出源文件内容
target.write(s)                     # 写入目标文件
source.close()                      # 关闭源文件
target.close()                      # 关闭目标文件
```

程序运行后,在同一目录下创建了一个 copyt. txt 文件(文件中包含的数据和 t. txt 完全一样)。

2. writelines()

文件对象的 writelines()方法用于在文件当前位置依次写入指定列表中的所有字符串。

【语法格式】

```
文件对象.writelines(字符串列表)
```

【说明】

文件对象是通过调用 open()函数以"w""w+""a"或"a+"模式打开文件时返回的文件对象,字符串列表参数指定要写入文件的文本内容。

注意,当以可读/写模式打开文件时,因为完成写入操作后,文件指针(当前读/写位置)处在文件末尾,此时无法直接读取到文本内容,除非使用 seek()方法将文件指针移动到文件开头;若写入换行信息则需要添加换行符"\n"。

【例 7-7】 采用 writelines()方法将文本文件 t. txt 文件的内容复制到 copyt. txt 文件中。

【参考代码】

```
# 以读方式打开源文件
with open('copyt.txt','w+') as target_file :
```

```
# 以写方式打开目标文件
target_file.writelines(source_file.readlines())
```

程序执行后,在同一目录下会生成一个 copyt.txt 文件(文件中包含的数据和 t.txt 完全一样)。

注意,使用 writelines()方法向文件中写入多行数据时,不会自动给各行添加换行符,copyt.txt 文件中会逐行写入数据,这是由于 readlines()方法在读取各行数据时,读入了行尾的换行符。

7.4 CSV 文 件

7.4.1 文件格式

1. CSV

CSV(Comma-Separated Value,逗号分隔值)是一种通用的、相对简单的文件格式,用于存放电子表格或数据。CSV 文件广泛用于不同系统平台之间的数据交换,主要解决数据格式不兼容的问题,能够在程序之间转移表格数据。CSV 文件将数据表格存储为纯文本,表格中的每个单元格都是一个数值或字符串。CSV 文件并不是表格,但是可以用 Excel 打开。CSV 文件无法生成和保存公式,不能指定字体颜色,没有多个工作表,不能嵌入图像和图表。由于 CSV 文件是纯文本,其他编辑器也能够打开。

CSV 并不是一种单一、定义明确的格式,在实践中术语 CSV 泛指具有以下特征的任何文件:

(1) 纯文本,使用某个字符集,如 ASCII、Unicode、EBCDIC 或 GB 2312。

(2) 由记录组成。

(3) 每条记录被分隔符分隔为若干字段(典型分隔符有逗号、分号或制表符)。

(4) 每条记录都有同样的字段序列。

在这些常规约束条件下,存在许多 CSV 变体,使 CSV 文件并不完全相同,但差别较小。

2. 文件规范

CSV 文件并不存在通用的格式标准,国际因特网工程小组(IEIT)在 RFC 4180(因特网标准文件)中提出了一些 CSV 格式文件的基础性描述,但是并没有指定文件使用的字符编码格式,最基本的通用编码是采用 7 位 ASCII 码。

目前大多数 CSV 文件遵循 RFC 4180 标准提出的基本要求,有以下规则。

(1) 回车换行符:每一个记录都位于一个单独行,用回车换行符 CRLF(即\r\n)分隔。如"aaa,bbb,ccc CRLF"。

(2) 结尾回车换行符:最后一行记录可以有结尾回车换行符,也可以没有。

(3) 标题头:第 1 行可以有一个可选的标题头,格式和普通记录行格式相同。标题头要包含文件记录字段对应的名称,应该有和记录字段一样的数量。如"field_name,field_name,field_name CRLF"。

(4) 字段分隔:标题行和记录行中,存在一个或多个由半角逗号分隔的字段。整个文件中,每行应包含相同数量的字段,空格也是字段的一部分。每一行记录最后一个字段后面不能跟逗号。注意,字段之间一般用逗号分隔,当然也可以用其他字符(如空格)来分隔。

(5) 字段双引号:每个字段之间可用或不用半角双引号(")括起来(注意,Excel 不用双引号)。如果字段没有用引号括起来,那么该字段内部不能出现双引号字符;字段中如果包含回车换行符、双引号或者逗号,该字段要用双引号括起来;如果用双引号括字段,字段内双引号前必须使用转义字符。

3. 文件内容示例

sample.csv 文件采用 Excel 打开和记事本打开结果如图 7-2 所示。

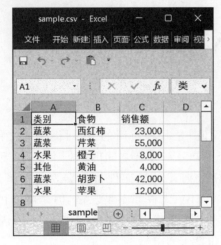

图 7-2　sample.csv 文件内容

7.4.2　CSV 文件读取

CSV 文件同样可以直接使用 open()方法打开,文件打开模式的相关参数相同。但是注意使用 open()方法打开的文件一定要通过调用 close()方法进行关闭。因此,当需要频繁进行文件操作时,也可采用 with 语句打开文件,以保证在文件操作结束后自动关闭文件。

1. reader()

Python 语言标准库支持对 CSV 文件的读取操作,它使用 csv 模块读取 CSV 文件数据。所以需要使用 import 语句导入 csv 模块。使用前需要先创建一个 reader 对象,然后通过迭代遍历 reader 对象来遍历文件中的每一行。

【语法格式】

```
csv.reader(csvfile[, dialect = 'excel', ** fmtparams])
```

【说明】

函数返回一个可迭代对象(如列表); csvfile 为 CSV 文件或者列表对象。可选关键字 dialect 用指定 CSV 格式, dialect = 'excel'表示 CSV 文件格式与 Excel 格式相同。** fmtparams 为关键字参数,用于设置特殊的 CSV 文件格式(如 delimiter = '|'表示指定"|"为分隔,默认采用逗号。其他参数可查阅相关资料)。CSV 文件的每一行都读取为一个由字符串组成的列表。

【例 7-8】　读取并输出 sample.csv 文件表头,其中 sample.csv 文件内容如图 7-2 所示。

【参考代码】

```
import csv                      # 导入标准模块
with open("sample.csv") as f:   # 打开文件循环读取
    reader = csv.reader(f)      # 创建读取对象
    head_row = next(reader)     # 读文件第1行数据
    print(head_row)
```

这时运行可能产生编码错误：

```
Traceback (most recent call last):
  File "D:\Python\7 - 8.py", line 10, in < module >
    column = [row[2] for row in reader]
  File "D:\Python\7 - 8.py", line 10, in < listcomp >
    column = [row[2] for row in reader]
UnicodeDecodeError: 'gbk' codec can't decode byte 0xab in position 8: illegal multibyte sequence
```

尝试改变编码，添加 encode 参数"encoding＝'utf-8-sig'"指定编码。
程序执行结果：

```
['类别', '食物', '销售额']
```

【例 7-9】 sample.csv 文件内容如图 7-2 所示，读取 sample.csv 文件中第 2 列对应的所有数值，并且打印输出。
【参考代码】

```
import csv                                            # 导入标准模块
with open("sample.csv",encoding = 'utf - 8 - sig') as f:   # 打开文件准备读取
    reader = csv.reader(f)                            # 创建读取对象
    column = [row[2] for row in reader]               # 循环读文件第2列数据
    print(column)
```

程序执行结果：

```
['销售额', '23,000', '55,000', '8,000', '4,000', '42,000', '12,000']
```

2. 遍历文件

创建 reader 对象能够读取 CSV 文件数据，遍历 reader 对象和遍历文件中的每一行一致。

【例 7-10】 遍历 sample.csv 文件
【参考代码】

```
import csv                                            # 导入标准模块
with open("sample.csv",encoding = 'utf - 8 - sig') as f:   # 打开文件循环读取
    reader = csv.reader(f)                            # 创建读取对象
    for row in reader:                                # 获取 reader 对象的每一行
        print(row)                                    # 按行输出了文件中的数据
```

程序执行结果：

```
['类别', '食物', '销售额']
['蔬菜', '西红柿', '23,000']
['蔬菜', '芹菜', '55,000']
['水果', '橙子', '8,000']
['其他', '黄油', '4,000']
['蔬菜', '胡萝卜', '42,000']
['水果', '苹果', '12,000']
```

上述代码中，使用 with 语句以读模式打开 sample.csv 文件后，针对该文件创建了一个 CSV 的 reader 对象 reader，然后通过 for 循环遍历了对象 reader，最后按行输出了文件中的数据。从输出形式来看，每一行都以列表的形式输出，且文件中所有的数据都是字符串。

7.4.3 CSV 文件写入

1. writerow()

创建 writer 对象可将数据写入 CSV 文件。由于 CSV 文件是按行存储的，因此写文件时可以调用 writer 对象的 writerow() 方法，写入文件的数据用列表存储。

【例 7-11】 向 sample.csv 文件追加新记录"水果，西瓜，"20,000""。

【参考代码】

```
import csv                                                    # 导入标准模块
with open("sample.csv",'a',encoding = 'utf-8-sig') as f:      # 打开可写文件
    writer = csv.writer(f)                                    # 创建写入对象
    writer.writerow(["水果","西瓜","20,000"])                 # 调用 writerow() 方法写入文件
with open("sample.csv",encoding = 'utf-8-sig') as f:
    reader = csv.reader(f)                                    # 创建读取对象
    for row in reader:                                        # 获取 reader 对象的每一行
        print(row)                                           # 按行输出文件中的数据
```

程序执行结果：

```
['类别', '食物', '销售额']
['蔬菜', '西红柿', '23,000']
['蔬菜', '芹菜', '55,000']
['水果', '橙子', '8,000']
['其他', '黄油', '4,000']
['蔬菜', '胡萝卜', '42,000']
['水果', '苹果', '12,000']
['水果', '西瓜', '20,000']
['水果', '梨', '8,000']
['蔬菜', '黄瓜', '12,000']
['水果', '梨', '8,000']
['蔬菜', '黄瓜', '12,000']
['水果', '西瓜', '20,000']
[]
```

这里最后一行出现了空行，是由于默认写入新记录后会插入一个空行作为分隔。可在打开文件时增加一个参数"newline=''"，指明在写入新的记录后不插入空行。

```
with open("sample.csv",'a',newline = '',encoding = 'utf-8-sig') as f:
```

2. writerows()

csv 的 writer 对象也提供一次写入多行的方法 writerows()，该方法将参数列表中的每一个元素作为一行写入 CSV 文件。

【例 7-12】 调用 writerows()方法一次写入两行记录。注意，writer 对象的 writerows()方法只接收一个序列作为参数，可以是列表，也可以是元组。

【参考代码】

```
import csv                          # 导入标准模块
with open("sample.csv",'a',newline = '',encoding = 'utf - 8 - sig') as f:
                                    # 打开可写文件
    writer = csv.writer(f)          # 创建写入对象
    writer.writerows([["水果","梨","8,000"],["蔬菜","黄瓜","12,000"]])
            # 调用 writerows 方法一次写入文件多条信息
with open("sample.csv",encoding = 'utf - 8 - sig') as f:
    reader = csv.reader(f)          # 创建读取对象
    for row in reader:              # 获取 reader 对象的每一行
        print(row)                  # 按行输出文件中的数据
```

程序执行结果：

```
['类别', '食物', '销售额']
['蔬菜', '西红柿', '23,000']
['蔬菜', '芹菜', '55,000']
['水果', '橙子', '8,000']
['其他', '黄油', '4,000']
['蔬菜', '胡萝卜', '42,000']
['水果', '苹果', '12,000']
['水果', '西瓜', '20,000']
['水果', '梨', '8,000']
['蔬菜', '黄瓜', '12,000']
['水果', '梨', '8,000']
['蔬菜', '黄瓜', '12,000']
```

本 章 小 结

本章从文件的基础知识入手，介绍了文件的概念、分类以及文件的基本操作，详细说明了 Python 语言提供的有关文件打开、读取、写入和关闭等操作方法；具体描述了文本文件相关处理及其主要参数的含义；介绍了通用性很强的 CSV 文件的常用读写方法。

本 章 习 题

（1）简要说明文本文件读写的步骤。

（2）Python 语言提供了哪些读取文本文件内容的函数？

（3）open()语句或 with open()语句都可以实现文件读写，它们有哪些差别？

（4）简要说明 CSV 文件的特征。

（5）编程：输入一个字符，输出其在指定文件中出现的次数。

（6）编程：生成一个 5×5 的随机矩阵，并将其保存为 CSV 文件。

第二部分
Python语言应用案例

第8章　图 像 处 理

Python 语言提供了高效的高级数据结构,其简洁的语法和动态类型以及解释型语言的本质,能简单有效地实现面向对象编程,并使之成为快速开发应用的编程语言。Python 语言应用领域广泛,如图像处理、视频处理、语音合成、科学计算等。而实现这些领域的Python 语言编程,首先需要 Python 语言第三方软件包的支持,如 NumPy(Numerical Python)、OpenCV、PIL(Python Image Library,Python 图像处理类库)等;其次需要理解和掌握相关领域(如色彩模型、视频编码等)的一些专业知识;另外,还需要了解常用经典算法的使用方法和适应范围。

本章主要介绍图像处理中若干基础算法的 Python 语言实现。通常图像处理中的常见任务主要包括图像显示、图像基本操作(如裁剪、翻转、旋转等)、图像去噪、图像增强、图像分割、分类及特征提取、图像评价、图像恢复和图像识别等。这些图像处理现在都可利用Python 语言提供的库函数快捷实现。这里介绍一些图像处理基本算法的 Python 语言编程实现方法,具体算法的原理可通过数字图像处理相关专业书籍了解。

下面将使用 NumPy 创建数组,实现数组的基本操作和运算;通过 PIL 图像处理类库,完成基本的图像读、写、显示和基本操作;根据图像处理的算法原理,充分利用 NumPy 多维数组的数据结构及其运算,采用 PIL 实现在面向对象下的应用编程。

8.1　工　具　包

NumPy 是 Python 语言中用途广泛的科学计算工具包,包含了大量的常用数据结构定义和 API 函数,如数组对象(用来表示向量、矩阵、图像等)、线性代数函数等。NumPy 是一个开源 Python 语言库,定义了矩阵和数组,提供存储单一类型的多维数组(ndarray,the n-dimensional array)和矩阵(matrix)以及相关运算,如矩阵乘积、转置、向量乘积、方程系统求解等。

值得注意的是,NumPy 主要用于数组计算,由于其中的数组对象是多维的,因此能灵活表示向量、矩阵和图像。使用 NumPy 编程,需要了解如何安装 NumPy、创建数组,掌握数组的基本操作和运算。

8.1.1　安装 NumPy

安装 NumPy 最简单的方法是使用 pip 工具:

```
>>> pip install numpy
```

程序能正确执行，表示 NumPy 安装成功。

注意，使用 NumPy 库前需要先将其导入。

```
>>> import numpy as np          # 导入 NumPy 库并起别名为 np
>>> a = np.array([1, 2, 3, 4, 5])# 创建一个包含 5 个整数的数组
>>> a
    array([1, 2, 3, 4, 5])
```

8.1.2 创建数组

导入 NumPy 库后可以进行数组的创建。创建数组的方式有多种，以下代码创建了 5 类向量或数组。

```
>>> a = np.zeros(5)
>>> a
    array([0., 0., 0., 0., 0.])
>>> b = np.ones(5,int)
>>> b
    array([1, 1, 1, 1, 1])
>>> c = np.array([[1, 2, 3], [4, 5, 6]])
>>> c
    array([[1, 2, 3], [4, 5, 6]])
>>> d = np.zeros_like(c, int)
>>> d
    array([[0, 0, 0], [0, 0, 0]])
>>> e = np.random.randint(0, 256, (2, 3))
>>> e
    array([[ 31, 6, 162], [183, 26, 188]])
```

变量 a 创建了一个包含 5 个元素且值为 0 的向量，数值类型默认为浮点型。

变量 b 创建了一个包含 5 个元素且值为 1 的向量，数值类型为整型。

变量 c 创建了一个大小为 2×3 的二维数组。

变量 d 创建了一个和变量 c 大小一致，但元素值为 0 的数组。

变量 e 创建一个大小为 2×3 的数组，其元素值为 $[0, 256)$ 的随机数，数据类型为整型。生成指定大小随机数的方法是：

```
np.random.randint(low, high = None, size = None, dtype = 'l')
```

这里 random.randint() 函数返回一个随机整型数，范围从低（包括）到高（不包括），即随机数范围是 $[low, high)$，如果没有写参数 high 的值，则返回 $[0, low)$ 的值。size 表示输出随机数的个数，如 size=(m * n * k)则输出同规模即 $m \times n \times k$ 个随机数，默认值是 None，表示仅仅返回满足要求的单一随机数。dtype 表示想要输出的格式，如 int64、int 等，默认为整数。

8.1.3 数组操作

在矩阵或者数组的运算中，经常会遇到需要对数组进行变形的需求，这可以通过相关函数完成。常见的有以下 3 种。

np. reshape()函数可以在不改变数据的条件下修改形状,如数组 a 到数组 b 的变换;

np. ravel()函数可以将数组展平为向量,如数组 b 到数组 c 的变换;

np. where()函数在满足条件的位置上返回参数 2,不满足的位置上返回参数 3。

```
>>> import numpy as np        ＃ 导入 NumPy 库并起别名 np
>>> a = np. arange(6)
>>> a
    array([0, 1, 2, 3, 4, 5])
>>> b = np. reshape(2,3)
>>> b
    array([[0, 1, 2], [3, 4, 5]])
>>> c = np. ravel()
>>> c
    array([0, 1, 2, 3, 4, 5])
>>> d = np. where(c > 3, 3, c)  ＃ 参数 3 为数组 c,即表示返回值为自身
>>> d
    array([0, 1, 2, 3, 3, 3])
```

8.1.4　数组运算

NumPy 算术运算包含简单的加、减、乘、除,需要注意的是,数组必须具有相同的形状或符合数组广播规则。此外,还提供了求数组的最大/小值、均值等运算函数。示例如下:

```
>>> a = np. arange(10). reshape(2,5)
>>> a
    array([[0, 1, 2, 3, 4], [5, 6, 7, 8, 9]])
>>> b = np. arange(1,11). reshape(2,5)
>>> b
    array([[ 1, 2, 3, 4, 5], [ 6, 7, 8, 9, 10]])
>>> a + b
    array([[ 1, 3, 5, 7, 9], [11, 13, 15, 17, 19]])
>>> a - b
    array([[ -1, -1, -1, -1, -1], [ -1, -1, -1, -1, -1]])
>>> a * b
    array([[ 0, 2, 6, 12, 20], [30, 42, 56, 72, 90]])
>>> a / b
    array([[0,0.5,0.66666667,0.75,0.8],[0.83333333,0.85714286,0.875,0.88888889,0.9]])
>>> a. max()
    9
>>> a. mean()
    4.5
```

8.1.5　索引

Python 语言编程中数组可以用来保存一组数据或对象的序列,其中数组元素不要求是同一类型,可以是多种类型的混合。所以数组元素可以通过索引来进行访问与修改。其参数为[start:end:step]。

示例如下:

```
>>> a = np.arange(10)
>>> a
    array([0, 1, 2, 3, 4, 5, 6, 7, 8, 9])
>>> b = a[1]
>>> b
    1
>>> c = a[1:]
>>> c
    array([1, 2, 3, 4, 5, 6, 7, 8, 9])
>>> d = a[1:8]
>>> d
    array([1, 2, 3, 4, 5, 6, 7])
>>> e = a[1:8:2]
>>> e
    array([1, 3, 5, 7])
```

上述代码中,变量 b 的参数形式为[start],如 [1],表示返回与索引 1 相对应的单个元素;

变量 c 的参数形式为[start:],如为 [1:],表示从索引 1 开始以后的所有项都将被提取;

变量 d 的参数形式为[start:end],如 [1:8],表示表示从索引 1 开始,到索引 8(不包括 8)终止,之间的项被提取;

变量 e 的参数形式为[start:end:step],如 [1:8:2],表示从索引 1 开始,到索引 8(不包括 8)终止,步长为 2 的项被提取。

8.2　PIL

PIL 是 Python 语言的一个功能强大且简单易用的图像处理库,它提供了通用的图像处理功能,以及大量有用的基本图像操作,如图像的读、写处理功能,图像的缩放、裁剪、旋转、颜色转换等。

8.2.1　安装 PIL

使用 pip 进行安装(确保 Python 3.x 版本):

```
pip install pillow
```

在使用 PIL 前需要先将其导入。使用 from PIL import Image 来导入,读取一张图片并展示,若显示正常则安装成功。

注:第一行导入模块语句需严格区分大小写。

```
>>> from PIL import Image
>>> img = Image.open('file_path /lena.jpg')
>>> img.show()
```

8.2.2　图像读取

使用 Image.open()将图像读入到变量 img 中;

img. format 可以获取图像的文件格式；

img. size 可以获取图像的尺寸,返回结果格式为(width,height)；

img. mode 可以获取图像的模式,返回结果为'RGB'表示彩色图像,'L'表示灰度图像。

从 8.1 节可以了解到 NumPy 在数组处理上,不仅方便而且高效,所以在图像处理过程中,选择将图像转换为 array 数组类型,再对数组进行处理,可以使用 type()函数查看变量类型。

实现参考代码如下：

```
>>> img = Image.open('file_path /test.jpg')
>>> img.format
    'JPEG'
>>> img.size
    (458, 416)
>>> img.mode
    'RGB'
>>> img_array = np.asarray(img)        # 转换为 array 数组类型
>>> type(img)
    <class 'PIL.JpegImagePlugin.JpegImageFile'>
>>> type(img_array)
    <class 'numpy.ndarray'>
```

8.2.3 图像写入

在保存处理后的图像前,需要先利用 Image. fromarray()将 array 类型的数据转换为 Image 类型。

```
>>> img = Image.fromarray(img_array)        # 转换为 Image 类型
>>> img.show()
>>> img.save('file_path/new_img.jpg')
```

8.2.4 图像转换

使用 Image. convert()将图像从一个模式转换为另一个模式。

```
>>> img_gray = img.convert('L')
>>> img_gray.mode
    'L'
```

NumPy 和 PIL 为图像的基本操作、几何和代数运算、图像处理和图像分析等程序编程提供了基础。

8.3 原 始 数 据

采用 Lenna 图像(用于去噪和边缘检测)、夜景图像(用于图像增强)以及硬币图像(用于图像分割)作为应用图像,如图 8-1 所示。

(a) Lenna图像　　　　　(b) 夜景图像　　　　　(c) 硬币图像

图 8-1　示例图像

8.4　实现功能

利用 Python 语言语法以及 NumPy 数值计算库的常用函数接口,完成基本图像处理。

8.4.1　图像加噪

在图像中添加椒盐噪声参考代码如下:

```python
noise = np.random.randint(0, 256, size = img.shape)
noise = np.where(noise > 250, 255, 0)
noise = noise.astype("float")
img_noise = img.astype("float") + noise
img_noise = np.where(img_noise > 255, 255, img_noise)
```

结果如图 8-2 所示。

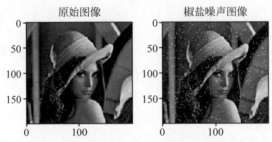

图 8-2　原始图像与椒盐噪声图像

8.4.2　图像评价

1. 峰值信噪此

峰值信噪比(Peak Signal to Noise Ratio,PSNR)是一种全参考的图像质量评价指标,单位是 dB。PSNR 值越大,表示失真越小。PSNR 值高于 40dB 说明图像质量极好(即非常接近原始图像),PSNR 值为 30～40dB 通常表示图像质量是好的(即失真可以察觉但可以接受),PSNR 值为 20～30dB 说明图像质量差,PSNR 值低于 20dB 的图像不可接受。其定义如式(8-1)所示。

$$PSNR = 10 \cdot \lg\left(\frac{MAX_I^2}{MSE}\right) \tag{8-1}$$

其中,MSE 为均方误差,其定义如式(8-2)所示,MAX_I 为像素的最大值 255。

$$\text{MSE} = \frac{1}{mn} \sum_{i=0}^{m-1} \sum_{j=0}^{n-1} \left[I(i,j) - K(i,j) \right]^2 \tag{8-2}$$

其中，$I(i,j)$ 表示原始图像 (i,j) 处的像素值，$K(i,j)$ 表示噪声图像 (i,j) 处的像素值，m 表示图像像素的行数，n 表示图像像素的列数。

实现参考代码如下：

```python
def PSNR(self, img:np.array, img_noise:np.array):
    '''
    PSNR:峰值信噪比
    :param img: (灰度)干净图像的二维数组
    :param img_noise: (灰度)噪声图像的二维数组
    '''
    diff = img - img_noise
    mse = np.mean(np.square(diff))
    psnr = 10 * np.log10(255 * 255 / mse)
    return psnr
```

2. 结构相似性

结构相似性(Structural Similarity, SSIM)是一种全参考的图像质量评价指标，它分别从亮度、对比度、结构三方面度量两幅图像的相似性。SSIM 的取值范围是 $[0,1]$，值越大表示图像失真越小。设输入的两幅图像分别是 x 和 y，则两幅图像的结构相似性可以由式(8-3)得出。

$$\text{SSIM}(x,y) = \frac{(2\mu_x\mu_y + c_1)(2\sigma_{xy} + c_2)}{(\mu_x^2 + \mu_y^2 + c_1)(\sigma_x^2 + \sigma_y^2 + c_2)} \tag{8-3}$$

其中，μ_x 和 μ_y 分别代表 x 和 y 的平均值，σ_x 和 σ_y 分别代表 x 和 y 的标准差，σ_{xy} 代表 x 和 y 的协方差，c_1 和 c_2 为常数，避免分母为 0 带来的系统错误。实现参考代码如下：

```python
def SSIM(self, img:np.array, img_noise:np.array):
    '''
    SSIM:结构相似性
    :param img: (灰度)干净图像的二维数组
    :param img_noise: (灰度)噪声图像的二维数组
    '''
    mean_img = np.mean(img)
    mean_noise = np.mean(img_noise)
    var_img = np.var(img)
    var_noise = np.var(img_noise)
    c1 = (0.01 * 255) * (0.01 * 255)
    c2 = (0.03 * 255) * (0.03 * 255)
    ssim = (2 * mean_img * mean_noise + c1) * (2 * var_img * var_noise + c1)/((mean_img ** 2 + \
mean_noise ** 2 + c1) * (var_img ** 2 + var_noise ** 2 + c2))
    return ssim
```

8.4.3 图像去噪

空间邻域滤波涉及局部滤波窗口内元素的线性和非线性运算。由于局部窗口在图像中移动时，会碰到首行、首列、末行和末列位置附近的边界问题，因此需要采取合适的边界处理策略，即边界延拓形式。同时，空间滤波与窗口大小等参数相关，需要分析各个滤波器的自由变量，设置外部参数。

边界延拓函数：

```
numpy.pad(img, ((dim1_l, dim1_r), (dim2_l, dim2_r)), model = 'reflect')
```

该函数用于对图像数据实现边界延拓，以补偿滤波过程所导致的图像边界缩小。延拓大小按照给定参数执行，如上述函数表示将输入图像第一维（高）的前后分别向外延拓 dim1_l 与 dim1_r 像素，第二维（宽）前后分别向外延拓 dim2_l 与 dim2_r 像素。model＝'reflect'表示按照"镜像反射"模式延拓图像边界，还是图像滤波的常用处理方式。

具体参考代码如下：

```python
class ImageDenoising(Basic):
    """包括图像中值滤波、均值滤波、高斯滤波算法"""
    def medianFilter(self, img:np.array, ksize = 3):
        """
        中值滤波算法
        :param img:(灰度)图像的二维数组
        :param ksize:卷积核(滤波窗口)大小
        :return:滤波后的新图像数据
        """
        height, width = img.shape
        pad_len = ksize // 2            # 图像边界延拓大小
        new_img = np.zeros_like(img)    # 新图像
        img = np.pad(img, ((pad_len, pad_len), (pad_len, pad_len)), mode = 'reflect')
        # 扩充图像边界
        for i in range(height):
            for j in range(width):
                new_img[i, j] = np.median(img[i:i + ksize, j:j + ksize])    # 中值滤波
        return new_img
    def meanFilter(self, img:np.array, ksize = 3):
        """
        均值滤波算法
        :param img:(灰度)图像的二维数组
        :param ksize:卷积核(滤波窗口)大小
        :return:滤波后的新图像数据
        """
        height, width = img.shape
        pad_len = ksize // 2
        new_img = np.zeros_like(img)
        img = np.pad(img, ((pad_len, pad_len), (pad_len, pad_len)), mode = 'reflect')
        # 扩充图像边界
        for i in range(height):
            for j in range(width):
                new_img[i, j] = np.mean(img[i:i + ksize, j:j + ksize])    # 均值滤波
        return new_img
    def gaussianFilter(self, img:np.array, ksize:float = 3, sigma:float = 1.0):
        """
        高斯滤波算法
        :param img: (灰度)图像的二维数组
        :param ksize:卷积核(滤波窗口)大小
        :param sigma:高斯核带宽
        :return:滤波后的新图像数据
        """
        height, width = img.shape
```

```
        new_img = np.zeros_like(img)
        pad_len = ksize // 2
        img = np.pad(img,((pad_len,pad_len),(pad_len,pad_len)), mode = 'reflect')
        # 扩充图像边界
        kernel = np.zeros((ksize, ksize)) # 高斯核
        for i in range( - pad_len, - pad_len + ksize):
            for j in range( - pad_len, - pad_len + ksize):
                kernel[i + pad_len,j + pad_len] = np.exp( - (i ** 2 + j ** 2)/(2 * (sigma ** 2)))
        kernel / = (sigma * np.sqrt(2 * np.pi))
        kernel / = kernel.sum()
        for i in range(height):
            for j in range(width):
                new_img[i,j] = np.sum(kernel * img[i:i + ksize, j:j + ksize])
        return new_img
    def example1(self,):
        img = self.open("Lenna.jpg")
        # 添加椒盐噪声
        noise = np.random.randint(0, 256, size = img.shape)
        noise = np.where(noise > 250, 255, 0)
        noise = noise.astype('float')
        img_noise = img.astype("float") + noise
        img_noise = np.where(img_noise > 255, 255, img_noise)
        # 中值滤波去噪
        img_denoise = self.medianFilter(img_noise)
        # 图像去噪前后对比
        self.show([img,img_noise,img_denoise],\
                ['原始图像','椒盐噪声图像','中值滤波去噪'],columns = 3)
    def example2(self,):
        img = self.open("Lenna.jpg")
        # 添加均值为 0、标准差为 10 的高斯噪声
        noise = np.random.normal(0, 10, size = img.shape)
        noise = noise.astype("float")
        img_noise = img + noise
        img_noise = np.where(img_noise > 255, 255, img_noise)
        img_noise = np.where(img_noise < 0, 0, img_noise)
        # 均值滤波去噪
        img_denoise_meanFilter = self.meanFilter(img_noise)
        img_denoise_gaussianFilter = self.gaussianFilter(img_noise,ksize = 5,sigma = 0.5)
        # 图像去噪前后对比
self.show([img,img_noise,img_denoise_meanFilter,img_denoise_gaussianFilter],\
            ['原始图像','高斯噪声图像','均值滤波去噪','高斯滤波去噪'],columns = 4)
```

针对 Lenna 图像实现相应椒盐噪声图像的中值滤波以及高斯噪声图像的均值滤波。

(1) 椒盐噪声图像的中值滤波去噪结果如图 8-3 所示。

图 8-3 椒盐噪声图像的中值滤波去噪结果

（2）高斯噪声图像的均值滤波和高斯滤波去噪结果如图 8-4 所示。

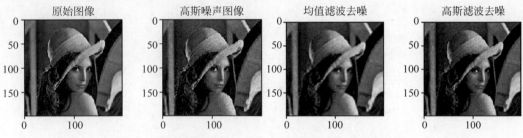

图 8-4　高斯噪声图像的均值滤波和高斯滤波去噪结果

8.4.4　边缘检测

在 Canny 算法中，非极大值抑制是进行边缘检测的重要步骤。由于图像梯度计算出的边缘较为模糊，同时存在多个边缘梯度响应，通常需要在一个梯度方向上找到一个局部最大值作为该梯度方向上的梯度响应。然而，实际数字图像是由离散二维矩阵表示的，其梯度方向两侧的像素点并不一定存在，因此需要在像素点之间进行插值得到亚像素点，使得该点的梯度值通过亚像素点获得。具体而言，首先通过梯度方向选择两个像素点插值为亚像素，并计算该亚像素的梯度方向与大小；然后，在该梯度方向上寻求局部梯度最大值，将当前像素的梯度强度与沿正负梯度方向上的两个像素进行比较：如果当前像素的梯度强度与另外两个像素相比最大，则该像素点保留为边缘点，否则该像素点将被抑制。

图像边缘检测的 Sobel 算子和 Canny 算子具体参考代码如下：

```python
class EdgeDetection(Basic):
    """包括用于图像边缘检测的 Sobel 算子和 Canny 算子实现"""
    def get_gradient_and_direction(self, image):
        """
        计算梯度及其方向,使用 Sobel 滤波器
        :param image: 输入图像
        :return: gradients: 梯度大小, direction: 梯度方向
        """
        # Sobel 滤波器
        Gx = np.array([[-1, 0, 1], [-2, 0, 2], [-1, 0, 1]])
        Gy = np.array([[-1, -2, -1], [0, 0, 0], [1, 2, 1]])
        W, H = image.shape
        gradients = np.zeros([W - 2, H - 2])
        direction = np.zeros([W - 2, H - 2])
        # 计算梯度大小和方向
        for i in range(W - 2):
            for j in range(H - 2):
                dx = np.sum(image[i:i + 3, j:j + 3] * Gx)
                dy = np.sum(image[i:i + 3, j:j + 3] * Gy)
                gradients[i, j] = np.sqrt(dx ** 2 + dy ** 2)
                if dx == 0:
                    direction[i, j] = np.pi / 2
                else:
                    direction[i, j] = np.arctan(dy / dx)
        gradients = np.uint8(gradients)
```

```
            return gradients, direction
    def NMS(self,gradients, direction):
        """

        非最大值抑制
        :param gradients: 梯度大小
        :param direction: 梯度方向
        :return: 处理后图像
        """
        W, H = gradients.shape
        nms = np.copy(gradients[1:-1, 1:-1])
        # 使用插值处理估计亚像素梯度值
        for i in range(1, W - 1):
            for j in range(1, H - 1):
                theta = direction[i, j]
                weight = np.tan(theta)
                # 根据梯度方向确定插值所需的两个像素
                if theta > np.pi / 4:
                    d1 = [0, 1]
                    d2 = [1, 1]
                    weight = 1 / weight
                elif theta >= 0:
                    d1 = [1, 0]
                    d2 = [1, 1]
                elif theta >= - np.pi / 4:
                    d1 = [1, 0]
                    d2 = [1, -1]
                    weight *= -1
                else:
                    d1 = [0, -1]
                    d2 = [1, -1]
                    weight = -1 / weight
                # 各个方向梯度大小
                g1 = gradients[i + d1[0], j + d1[1]]
                g2 = gradients[i + d2[0], j + d2[1]]
                g3 = gradients[i - d1[0], j - d1[1]]
                g4 = gradients[i - d2[0], j - d2[1]]
                # 插值处理,估计亚像素的梯度大小
                grade_count1 = g1 * weight + g2 * (1 - weight)
                grade_count2 = g3 * weight + g4 * (1 - weight)
                # 比较当前像素点和其梯度方向正负方向的像素点的梯度强度,保留最大值
                if grade_count1 > gradients[i,j] or grade_count2 > gradients[i, j]:
                    nms[i - 1, j - 1] = 0
        return nms
    def double_threshold(self,nms, threshold1, threshold2):
        """

        使用双阈值来确定边界
        :param nms:输入图像
        :param threshold1:阈值下界
        :param threshold2:阈值上界
        :return:边缘图像
        """

        visited = np.zeros_like(nms)
        output_image = nms.copy()
```

```python
        W, H = output_image.shape
        def dfs(i, j):
            # 边界条件
            if i >= W or i < 0 or j >= H or j < 0 or visited[i, j] == 1:
                return
            visited[i, j] = 1
            # 大于阈值上界的为强边界
            if output_image[i, j] > threshold1:
                output_image[i, j] = 255
                dfs(i - 1, j - 1)
                dfs(i - 1, j)
                dfs(i - 1, j + 1)
                dfs(i, j - 1)
                dfs(i, j + 1)
                dfs(i + 1, j - 1)
                dfs(i + 1, j)
                dfs(i + 1, j + 1)
            # 小于阈值下界的不是边界
            else:
                output_image[i, j] = 0
        # 在阈值上下界之间的通过相邻像素点是否为边界判断
        for w in range(W):
            for h in range(H):
                if visited[w, h] == 1:
                    continue
                if output_image[w, h] >= threshold2:
                    dfs(w, h)
                elif output_image[w, h] <= threshold1:
                    output_image[w, h] = 0
                    visited[w, h] = 1
        for w in range(W):
            for h in range(H):
                if visited[w, h] == 0:
                    output_image[w, h] = 0
        return output_image
    def canny(self, img:np.array, threshold1 = 40, threshold2 = 100):
        """
        用于边缘检测的 Canny 算子
        :param img: 输入图像
        :param threshold1: 阈值下界
        :param threshold2: 阈值上界
        :return: 边缘图像
        """
        # 应用高斯滤波来平滑图像, 去除噪声
        smoothed_image = ImageDenoising().gaussianFilter(img, 5, 1.4)
        # 计算梯度强度和方向
        gradients, direction = self.get_gradient_and_direction(smoothed_image)
        # 应用非最大抑制技术 NMS 来消除边缘误检
        nms = self.NMS(gradients, direction)
        # 应用双阈值的方法来判断是否为边界
        output_image = self.double_threshold(nms, threshold1, threshold2)
        return output_image
    def Sobel(self, img:np.array, threshold = 70):
```

```
"""
用于边缘检测的 Sobel 算子
:param img: 输入图像
:param threshold: 阈值
:return: 边缘图像
"""
# 水平方向卷积核
G_x = np.array([[-1, 0, 1], [-2, 0, 2], [-1, 0, 1]])
# 垂直方向卷积核
G_y = np.array([[-1, -2, -1], [0, 0, 0], [1, 2, 1]])
rows = np.size(img, 0)
columns = np.size(img, 1)
mag = np.zeros(img.shape)
for i in range(0, rows - 2):
    for j in range(0, columns - 2):
        # 垂直方向
        v = sum(sum(G_x * img[i:i + 3, j:j + 3]))
        # 水平方向
        h = sum(sum(G_y * img[i:i + 3, j:j + 3]))
        mag[i + 1, j + 1] = np.sqrt((v ** 2) + (h ** 2))
    for p in range(0, rows):
        for q in range(0, columns):
            # 小于阈值的不是边界
            if mag[p, q] < threshold:
                mag[p, q] = 0
    return mag
def example(self):
    img = self.open("./Lenna.jpg")
    # 使用 Sobel 算子边缘检测
    edge_Sobel = self.Sobel(img)
    edge_Canny = self.canny(img)
    # 图像去噪前后对比
    self.show([img, edge_Sobel, edge_Canny], ['原始图像', 'Sobel 边缘图像', \
             'Canny 边缘图像'], columns = 3)
```

针对 Lenna 图像实现 Sobel 算子和 Canny 算子的图像边缘检测结果如图 8-5 所示。

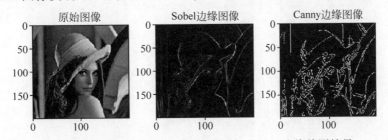

图 8-5　Lenna 图像的 Sobel 边缘检测与 Canny 边缘检测结果

8.4.5　图像增强

直方图均衡也称直方图拉伸,是一种简单有效的图像增强技术,主要通过改变图像的直方图分布改变各像素的灰度,常用于增强图像的对比度。当原始图像由于灰度分布集中在较窄的区间,造成图像不够清晰,或曝光不足使灰度级集中在低亮度范围内时,采用直方图均衡化,可以把原始图像的直方图变换为均匀分布的形式,通过增加像素间灰度值差别的动态范围,达到增强图像整体对比度的效果。经过均衡化处理后,图像直方图中每个像素点的灰度级减少,但分布更加均匀,因而视觉效果更佳。具体而言,首先需要计算出原始图像的直方图,即每个灰度级的像素数;然后,对于原始图像的每一个灰度级 i($0 \leqslant i \leqslant 255$),累加 $[0, i]$ 的所有像素数,除以总像素数再乘以灰度级 255 将之归一化至 $[0, 255]$,即可得到原始灰度级 i 经过映射后的新灰度级。

具体参考代码如下:

```python
class ImageEnhancement(Basic):
    """包括图像线性拉伸、直方图均衡化算法实现及应用案例"""
    def linearStretch(self, img:np.array, k:float = 1.2, b:float = 10):
        """
        图像线性拉伸:运算函数为 new_img = img * k + b
        :param img:(灰度)图像的二维数组
        :param k:图像灰度值的放大倍数
        :param b:图像灰度值的增量
        :return:线性拉伸后的新图像数据
        """
        height, width = img.shape
        new_img = np.zeros_like(img)  # 新图像
        for i in range(height):
            for j in range(width):
                new_img[i, j] = max(0, min(255, img[i, j] * k + b))
                                    # 饱和运算,防止像素值溢出
        return new_img
    def histogramEqualization(self, img:np.array):
        """
        图像直方图均衡化
        :param img:(灰度)图像的二维数组
        :return:直方图均衡化后的图像
        """
        height, width = img.shape
        new_img = np.zeros_like(img)  # 新图像
        histogram = np.zeros(256, int)
        sum_hist = np.zeros(256, int)
        equal_hist = np.zeros(256, int)
        for i in range(height):
            for j in range(width):
                histogram[img[i, j]] += 1
                        # 求原图像的直方图,即统计每个灰度级的像素数
        for i in range(256):
            sum_hist[i] = sum(histogram[0:i + 1])
                        # 求灰度级 1 到灰度级 i 的像素总数
        for i in range(256):
            equal_hist[i] = np.around(255 * sum_hist[i]/(height * width))
                        # 均衡化后的映射关系
        for i in range(height):
            for j in range(width):
                new_img[i, j] = equal_hist[img[i, j]]
                        # 得到直方图均衡化后的图像
        return new_img
```

```
    def example(self):
        img = self.open("dark.jpg")
        # 线性拉伸
        img_enhance = self.linearStretch(img, k = 1.6, b = 5)
        # 直方图均衡化
        img_equal = self.histogramEqualization(img)
        # 两种图像增强方法对比
        self.show([img, img_enhance, img_equal],\
                ['原始图像','线性拉伸','直方图均衡化'], columns = 3)
        # 直方图展示
plt.figure(figsize = (9, 2.5))
        img_hist = img.flatten()
        img_enhance_hist = img_enhance.flatten()
        img_equal_hist = img_equal.flatten()
plt.subplot(131)
plt.hist(img_hist, bins = 256, range = (0, 256), edgecolor = 'None', facecolor = 'red')
# 原始图像直方图
plt.title("原始图像直方图")
plt.subplot(132)
plt.hist(img_enhance_hist, bins = 256, range = (0, 256), edgecolor = 'None', facecolor = 'red')
# 线性拉伸图像直方图
plt.title("线性拉伸后的图像直方图")
plt.subplot(133)
plt.hist(img_equal_hist, bins = 256, range = (0, 256), edgecolor = 'None', facecolor = 'red')
                # 均衡化图像直方图
plt.title("直方图均衡化后的图像直方图")
plt.show()
```

针对夜景图像实现图像的线性拉伸算法和直方图均衡化算法,经过图像增强后的结果及对应直方图如图 8-6 所示。

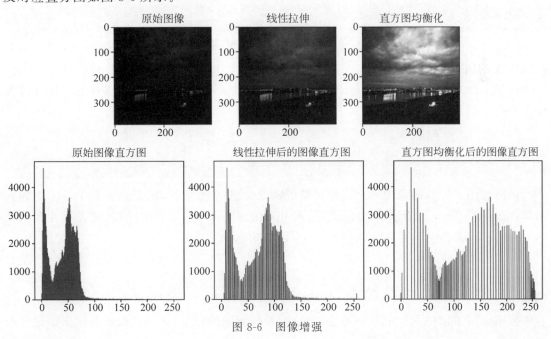

图 8-6 图像增强

图像处理

8.4.6 图像分割

实现硬币图像的分割采用的是 OTSU 算法和分水岭算法。OTSU 算法是按图像的灰度特性,将图像分成背景和前景两部分。方差就是灰度分布均匀性的一种度量,背景和前景之间的类间方差越大,说明构成图像的两部分的灰度分布差别越大,当部分前景错分为背景或部分背景错分为前景都会导致两部分差别变小。因此,使类间方差最大的分割意味着错分概率最小。

使用分水岭算法前需要给不同图像区域贴上不同标签,一般用大于 1 的整数表示确定为前景的区域,用 1 表示确定为背景的区域,用 0 表示无法确定的区域。对标记好的图像使用分水岭算法,分割图像将被更新,并用−1 标记边界。

对于相互接触的硬币,首先使用 OTSU 算法分割背景和前景,并使用开运算去除图像中的细小白色噪点。然后通过膨胀运算使得靠近硬币的部分背景被包含在前景(硬币区域)中,同时确认剩余背景区域(即远离硬币的区域)为真实背景。由于硬币之间彼此接触,还须使用带阈值的距离变换确定相互分离的前景区域,并为每个区域创建标记。

图像分割算法中涉及的相关处理函数如下。

(1)结构元素构造函数。

```
cv2.getStructuringElement(shape, ksize, anchor = Point( - 1,  - 1))
```

该函数用于返回指定形状的结构元素。其中,shape 为形状,当 shape=cv2. MORPH_RECT 时表示形状为矩形,当 shape=cv2. MORPH_ELLIPSE 时表示形状为椭圆形;ksize 为形状的尺寸;anchor 为锚点的位置。

(2)形态学变化函数。

```
cv2.morphologyEx(src, op, kernel)
```

该函数用于对图像数据实现形态学操作。其中,src 为输入图像。当 op = cv2. MORPH_OPEN 时,对图像进行开运算,即先进行腐蚀操作,后进行膨胀操作;当 op=cv2. MORPH_CLOSE 时,对图像进行闭运算,即先进行膨胀操作。后进行腐蚀操作。kernel 为操作核的类型。

(3)距离变换函数。

```
cv2.distanceTransform(src, distanceType, maskSize)
```

该函数用于计算图像中每个点距离最近背景像素(0 值像素)的距离。其中,src 为输入图像;distanceType 为计算距离的类型,当 distanceType=cv2. DIST_L2 时表示计算欧几里得距离;maskSize 为距离变换掩膜大小,可取 3 或 5。

(4)连通域标记函数。

```
cv2.connectedComponents(image)
```

该函数用于标记图像中不同的连通域,用 0 标记图像背景,大于 0 的整数依次标记其他对象。其中,image 为输入图像。

图像的 OTSU 算法和分水岭算法具体参考代码如下：

```python
class ImageSegmentation(Basic):
    """包括图 OTSU 算法和分水岭算法实现及其应用案例"""
    def OTSU(self, img: np.array, ):
        img_gray = np.array(img).ravel().astype(np.uint8)
        u1 = 0.0  # 背景像素的平均灰度值
        u2 = 0.0  # 前景像素的平均灰度值
        th = 0.0
        GrayScale = 256
                    # 总的像素数目
        PixSum = img_gray.size
                    # 各个灰度值的像素数目
        PixCount = np.zeros(GrayScale)
                    # 各灰度值所占总像素数的比例
        PixRate = np.zeros(GrayScale)
                    # 统计各个灰度值的像素个数
        for i in range(PixSum):
                    # 默认灰度图像的像素值范围为 GrayScale
            Pixvalue = img_gray[i]
            PixCount[Pixvalue] = PixCount[Pixvalue] + 1
        # 确定各个灰度值对应的像素点的个数在所有的像素点中的比例
        for j in range(GrayScale):
            PixRate[j] = PixCount[j] * 1.0 / PixSum
        Max_var = 0
        # 确定最大类间方差对应的阈值
        for i in range(1, GrayScale):  # 从 1 开始是为了避免 w1 为 0
            u1_tem = 0.0
            u2_tem = 0.0
            # 背景像素的比例
            w1 = np.sum(PixRate[:i])
            # 前景像素的比例
            w2 = 1.0 - w1
            if w1 == 0 or w2 == 0:
                pass
            else:  # 背景像素的平均灰度值
                for m in range(i):
                    u1_tem = u1_tem + PixRate[m] * m
                u1 = u1_tem * 1.0 / w1
                # 前景像素的平均灰度值
                for n in range(i, GrayScale):
                    u2_tem = u2_tem + PixRate[n] * n
                u2 = u2_tem / w2
                # 类间方差公式:G = w1 * w2 * (u1 - u2) ** 2
                tem_var = w1 * w2 * np.power((u1 - u2), 2)
                # 判断当前类间方差是否为最大值
                if Max_var < tem_var:
                    Max_var = tem_var
                            # 深复制,Max_var 与 tem_var 占用不同的内存空间
                    th = i
        new_img = (img < th) * 255
        return new_img
    def watershed(self, img: np.array, ):
```

```python
        """
        分水岭算法
        :param img:输入图像
        :return:分割后的图像
        """
        otsu_img = self.OTSU(img)
        # 开运算去噪
        kernel = cv2.getStructuringElement(cv2.MORPH_RECT, (3, 3))
        opening = cv2.morphologyEx(np.uint8(otsu_img), cv2.MORPH_OPEN, kernel, iterations = 2)
        sure_bg = cv2.dilate(opening, kernel, iterations = 2)
                                        # 膨胀运算得到确定的背景区域
        # 距离转换算法,每个像素值为其到最近背景像素的距离
        dist_transform = cv2.distanceTransform(opening, cv2.DIST_L2, 5)
        # 将距离归一化
        cv2.normalize(dist_transform, dist_transform, 0, 1.0, cv2.NORM_MINMAX)
        # 找到确定的前景区域
       ret, sure_fg = cv2.threshold(dist_transform, 0.5 * dist_transform.max(), 255, 0)
        sure_fg = np.uint8(sure_fg)
        # 找到不确定的区域
        unknown = cv2.subtract(sure_bg, sure_fg)
        # 给每个前景区域标号
        ret, markers = cv2.connectedComponents(sure_fg)
        markers = markers + 1
        markers[unknown == 255] = 0
        ws = Watershed(img, markers)
        ws.do_water_shed()
        return ws.markers
    def example(self):
        img = self.open("coin.jpg")
        # OTSU 算法图像
        otsu_img = self.OTSU(img)
        # 分水岭算法图像
        wa_img = self.watershed(img)
        # 图像分割前后对比
        self.show([img, otsu_img, wa_img], \
                ['原始图像', 'OTSU 算法图像', '分水岭算法图像'], columns = 3)
class Watershed:
    def __init__(self, image, markers):
        self.IN_QUEUE = -2
self.WSHED = -1
self.q = PriorityQueue()
self.image = image.copy()
self.markers = markers.copy()
    def pixel_diff(self, pix1, pix2):
        b = int(self.image[pix1[0]][pix1[1]]) - int(self.image[pix2[0]][pix2[1]])
        return np.abs(b)
    def ws_push(self, diff, pix):
self.q.put((diff, pix))
self.markers[pix[0]][pix[1]] = self.IN_QUEUE
    def ws_pop(self):
        if self.q.qsize() > 0:
            pix = self.q.get()[1]
```

```python
        else:
            pix = [-1, -1]
        return pix
    def pixels_to_push(self, pix):
        i = pix[0]
        j = pix[1]
        if self.markers[i][j] == self.WSHED:
            return
        if self.markers[i - 1][j] == 0:
            diff = self.pixel_diff([i, j], [i - 1, j])
            self.ws_push(diff, [i - 1, j])
        if self.markers[i + 1][j] == 0:
            diff = self.pixel_diff([i, j], [i + 1, j])
            self.ws_push(diff, [i + 1, j])
        if self.markers[i][j - 1] == 0:
            diff = self.pixel_diff([i, j], [i, j - 1])
            self.ws_push(diff, [i, j - 1])
        if self.markers[i][j + 1] == 0:
            diff = self.pixel_diff([i, j], [i, j + 1])
            self.ws_push(diff, [i, j + 1])
    def label_pix(self, coord):
        label = 0
        i = coord[0]
        j = coord[1]
        if self.markers[i - 1][j] > 0:
            if label == 0:
                label = self.markers[i - 1][j]
            elif label != self.markers[i - 1][j]:
                label = self.WSHED
        if self.markers[i + 1][j] > 0:
            if label == 0:
                label = self.markers[i + 1][j]
            elif label != self.markers[i + 1][j]:
                label = self.WSHED
        if self.markers[i][j - 1] > 0:
            if label == 0:
                label = self.markers[i][j - 1]
            elif label != self.markers[i][j - 1]:
                label = self.WSHED
        if self.markers[i][j + 1] > 0:
            if label == 0:
                label = self.markers[i][j + 1]
            elif label != self.markers[i][j + 1]:
                label = self.WSHED
        self.markers[i][j] = label
    def do_water_shed(self):
        # OpenCV 中视边缘为边界 boundary pixels
        self.markers[0, :] = self.WSHED
        self.markers[self.markers.shape[0] - 1, :] = self.WSHED
        self.markers[:, 0] = self.WSHED
        self.markers[:, self.markers.shape[1] - 1] = self.WSHED
        '''第一步,将 markers 的初始点放进优先队列'''
        for i in range(1, self.markers.shape[0] - 1):
```

```
                        for j in range(1, self.markers.shape[1] - 1):
                            if self.markers[i][j] == 0 and \
                                (self.markers[i-1][j]> 0 or self.markers[i+1][j]> 0 or \
                                    self.markers[i][j-1]> 0 or self.markers[i][j+1]> 0):
                                '''找与marker最小的梯度'''
                                diff = 255
                                if self.markers[i - 1][j] > 0:
                                    diff = min(self.pixel_diff([i, j], [i - 1, j]), diff)
                                if self.markers[i + 1][j] > 0:
                                    diff = min(self.pixel_diff([i, j], [i + 1, j]), diff)
                                if self.markers[i][j - 1] > 0:
                                    diff = min(self.pixel_diff([i, j], [i, j - 1]), diff)
                                if self.markers[i][j + 1] > 0:
                                    diff = min(self.pixel_diff([i, j], [i, j + 1]), diff)
                                self.ws_push(diff, [i, j])
                cnt = 0
                '''第二步,队列出一个进一次'''
                while self.q.qsize()> 0andcnt <(self.markers.shape[0] * self.markers.shape[1]):
                    cnt = cnt + 1
                    pix = self.ws_pop()
self.label_pix(pix)
self.pixels_to_push(pix)
```

其分割结果如图 8-7 所示：

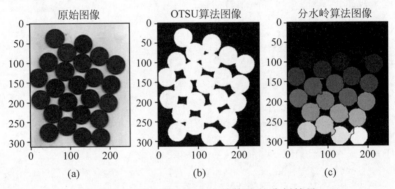

图 8-7 OTSU 算法和分水岭算法的分割结果

8.4.7 图像读、写、显示及保存

具体参考代码如下：

```
import numpy as np
from PIL import Image
import matplotlib.pyplot as plt
import cv2
from queue import PriorityQueue  # 优先级队列
class Basic:
    """用于图像读、写、显示的公共接口"""
    def open(self, file_path:str):
        '''
```

```python
            读取指定图像,并转换为标准 NumPy 数组.注意,本案例仅支持灰度图处理
            :param file_path: 图像文件路径
            :return: (灰度)图像的二维数组
            '''
            img = Image.open(file_path).convert("L")      # 转换为灰度图处理
            return np.asarray(img)
    def save(self,img:np.array, file_path:str):
            '''
            将图像数据保存到指定文件.
            :param img:(灰度)图像的二维数组
            :param file_path:图像文件路径
            :return:None
            '''
            img = Image.fromarray(img)
            img.save(file_path)
    def show(self,imgs:list,names:list, columns:int = 0):
            '''
            用于批量显示图像
            :param imgs: 包含待显示的图像列表
            :param names: 包含待显示的图像标题
            :return: None
            '''
            n_count = len(imgs)                            # 待显示图像数量
            if columns <= 0: columns = np.ceil(np.sqrt(n_count))
            raws = np.ceil( n_count/columns )
            plt.rcParams['font.sans-serif'] = ['SimHei'] # 中文显示
            plt.rcParams['axes.unicode_minus'] = False
            for i in range(n_count):
            plt.subplot(raws,columns,i + 1,title = names[i])
            plt.imshow(imgs[i], cmap = 'gray')
            plt.tight_layout()
            plt.show()
            if __name__ == '__main__':
            # 滤波去噪示例
            ImageDenoising().example1()                    # 椒盐噪声去噪(中值滤波)
            ImageDenoising().example2()                    # 高斯噪声去噪(均值滤波与高斯滤波)
    # 边缘检测示例
    EdgeDetection().example()                              # Sobel 算子与 Canny 算子
    # 图像增强示例
    ImageEnhancement().example()                           # 线性拉伸与直方图均衡化(含直方图可视化)
    # 图像分割示例
    ImageSegmentation().example()                          # OTSU 与分水岭分割
```

本 章 小 结

    本章通过 Python 语言开源数据库 NumPy 提供的多维数组数据结构以及 PIL 提供的基本图像处理函数,实现了图像处理中的一些算法的 Python 语言编程。

    开源和可重复性实验是 Python 语言编程的重要理念,通过 Python 语言绑定的图像处理开源库不仅可进行图像处理,还可实现计算机视觉、机器学习甚至更为复杂的深度学习算法。

本 章 习 题

（1）分别实现彩色图像的高斯滤波算法以及直方图均衡化，并展示处理结果。

（2）利用本章给出的图像加噪声、图像去噪以及图像质量评价指标的程序，设计一个图像去噪的性能评价实验，分析不同噪声强度下图像去噪性能，并画出性能变化图。

（3）如果图像中含有椒盐噪声，编写一个程序，使其对椒盐噪声图像的边缘检测有所提升。

（4）设计一个参数可交互的程序，实现彩色图像的分段线性拉伸算法。

（5）寻找一幅细胞图像，编写一个程序实现图像中的细胞分割。

（6）基于 Internet，查询和了解 OpenCV-Python、SimpleCV、Pillow、Mahotas、Pgmagick 5 大开源图像处理库，了解其安装方法，并简要写出这些开源库的不同特点。

第9章　机 器 学 习

机器学习是一门涉及多学科的交叉学科,涵盖概率论、统计学、近似理论和复杂算法等知识,它使用计算机作为工具并致力于实时地模拟人类学习方式,将现有内容进行知识结构划分来有效提高学习效率。著名学者赫伯特·西蒙教授(Herbert Simon,1975年"图灵奖"获得者,1978年"诺贝尔经济学奖"获得者)也曾对"学习"下过一个定义:"如果一个系统能够通过执行某个过程来改进性能,那么这个过程就是学习。"由此可知学习的核心目的就是改善性能。所以在形式上,机器学习可以看作一个函数,通过对特定输入进行处理(如统计方法等)得到一个预期结果。例如,计算机接收了一张数字图片,计算机怎样判断这个图片中的数字是8而不是其他的内容呢? 这需要构建一个评估模型,判断计算机通过学习是否能够输出预期结果。

机器学习是一种通过大样本数据训练出模型,然后用模型预测的方法。在机器学习过程中,首先需要在计算机中存储大量历史数据,然后将这些数据通过机器学习算法进行推理。这个过程称为"训练"。处理结果(识别模型)可以用来对新测试数据进行预测。

机器学习的流程:获取数据→数据预处理→训练数据→模型分类→预测结果。由于机器学习不是基于严密逻辑推导形成的结果(主要为概率统计),因此机器学习的处理过程不是因果逻辑,而是通过统计归纳思想得出的相关性结论。简单地说,机器学习得到的最终结果可能既不精确也不最优,但从统计意义上来说是充分的。

分类与聚类是两类最基础并且广泛使用的机器学习模型。分类是根据数据的特征,将数据划分到已有的类别中。换言之,对于一个分类器,通过对已知分类的数据进行训练和学习,找到这些不同类的特征,从而使其具备对未知数据进行分类的能力,这种提供训练数据的过程通常称为有监督学习(supervised learning)。

聚类是按照某个特定标准(如距离)把一个数据集分割成不同的类或簇,使得同一个簇内的数据对象的相似性尽可能地大,同时不在同一个簇中的数据对象的差异性也尽可能地大。即聚类后同一类的数据尽可能地聚集到一起,不同类数据尽量分离。聚类通常不需要使用训练数据进行学习,被称为无监督学习(unsupervised learning)。

进行机器学习的过程一般依次为预处理、降维、分类、回归、聚类、模型选择,如图9-1所示。

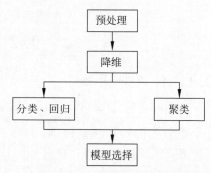

图 9-1　机器学习过程

9.1 工 具 包

scikit-learn(简称 Sklearn)是一个通用型开源机器学习库,它几乎涵盖了所有机器学习算法,并且搭建了高效的数据挖掘框架,是一组简单有效的工具集。Sklearn 库共分为 6 大部分,分别用于完成分类(classification)、回归(regression)、聚类(clustering)、降维(dimensionality reduction)任务、模型选择(model selection)以及数据的预处理(preprocessing),如图 9-2 所示。其中分类和回归问题属于有监督学习,聚类问题属于无监督学习。

Sklearn 基于 NumPy、SciPy 和 Matplotlib,是一个简单高效的数据挖掘和数据分析工具,可以通过官方网站访问它,如图 9-2 所示。

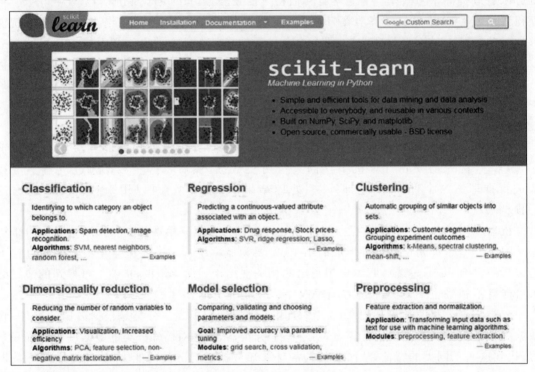

图 9-2 Sklearn 官方网站

9.2 常 用 算 法

9.2.1 K 近邻算法

K 近邻算法是一种有监督的分类算法。如图 9-3 所示,对于一个待分类的圆形测试样本,未知其类别,依据与该样本最靠近的 K 个邻居样本,通过这些邻居样本的标签判断测试样本的标签。在分类任务中,通常可以使用"投票法",也就是将 K 个样本中出现最多的类别标记作为待预测样本的类标。若设

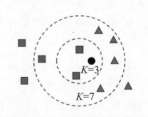

图 9-3 K 近邻算法示意图

定 $K=3$，则可判断圆形样本属于正方形类别，若设定 $K=7$，则可判断圆形样本属于三角形类别。

9.2.2 K-means 算法

K-means 算法也称为 K-平均或者 K-均值，是一种经典的聚类算法。在 K-means 算法中，簇的个数 K 是一个超参数，需事先设定。K-means 的任务依据设定好的 K，找出 K 个最优的质心，并将离这些质心最近的数据分别分配到这些质心代表的簇中去，形成 K 个簇。K-means 算法流程如下。

（1）设置聚类簇数 K。

（2）执行循环。

① 将每个样本分配到离它最近的质心，生成 K 个簇。

② 对于每个簇，计算新的质心。

③ 当质心位置不再变化时，退出循环，否则继续执行。

（3）聚类完成。

9.3 原 始 数 据

数据集采用鸢尾花数据集（Iris），该数据集首次出现在著名的英国统计学家和生物学家 Fisher 的论文中，并被作为经典数据集预存在 Sklearn 工具包中。数据集测量了来自 3 类鸢尾花的 150 个样本，分别为山鸢尾、变色鸢尾和弗吉尼亚鸢尾，每类各 50 条数据，每个样本包括 4 个特征，分别为花萼长度（厘米）、花萼宽度（厘米）、花瓣长度（厘米）以及花瓣宽度（厘米）。

9.4 实 现 功 能

通过数据包导入数据，并实现数据集分割、数据预处理、K 近邻模型的训练与测试、K-means 数据聚类、模型评价以及模型结果可视化。具体如下。

9.4.1 数据加载及预处理

sklearn.datasets 用于数据集准备，其中 loader 模块包含一些小规模的标准数据集供使用，表 9-1 展示了部分常用数据集。

表 9-1 sklearn.datasets 中 loader 模块部分常用数据集

数据集描述	数据集加载函数	数据集任务类型
手写数字数据集	load_digits()	分类
红酒数据集	load_wine()	分类
鸢尾花数据集	load_iris()	分类、聚类
乳腺癌数据集	load_breast_cancer()	分类、聚类
波士顿房价数据集	load_boston()	回归
糖尿病数据集	load_diabetes()	回归

　　为了对模型进行客观的评价,需要对模型进行划分。可将数据分割成两部分：训练集和测试集。使用训练集的数据来训练模型,用测试集的数据在最终模型上进行测试,从而验证模型的最终效果。Sklearn 的 model_selection 提供了 train_test_split() 函数,表 9-2 详细地介绍其参数及说明。

表 9-2　train_test_split() 函数参数及说明

参数名称	数 据 类 型	描　　述
* arrays	列表、NumPy 数组 SciPy 稀疏矩阵或 Pandas 的数据框	代表需要划分的数据集
test_size	float 或 int,默认为 None	① 若为 float 时,表示测试集占总样本的百分比,值为(0,1)。 ② 若为 int 时,表示测试样本的样本数。 ③ 若为 None 时,设置为测试样本数的补码,当 train_size 也是 None 时,自动设置为 0.25
train_size	float 或 int,默认为 None	① 若为 float 时,表示训练集占总样本的百分比,值为(0,1)。 ② 若为 int 时,表示训练样本的样本数。 ③ 若为 None 时,自动设置为测试样本数的补码
random_state	int 或 RandomState 对象,默认为 None	在划分数据之前控制应用于数据打乱的随机种子,表示随机状态。 ① 若为 int 时,每次生成的数据都相同。 ② 若为 None 时,每次随机生成的数据可能不同
shuffle	bool,默认为 True	在划分数据前是否打乱样本集数据。 ① 若为 True 时,需要打乱。 ② 若为 False 时,样本集数据保持原样,stratify 取值为 None
stratify	类似数组,默认为 None	保持 split 前类的分布。 ① 若为 None 时,划分出的测试集或训练集中,类标签的比例是随机的。 ② 若不为 None 时,以分层方式拆分数据,并将其用作类标

　　在机器学习算法实践中,需要对数据进行"无量纲化",即将不同规格的数据转换为同一规格,或不同分布的数据转换为某个特定分布。数据预处理方法中比较常见的是标准化、归一化及正则化等。Sklearn 中的模块 preprocessing 包含数据预处理函数。表 9-3 展示了 Sklearn 部分预处理函数及说明。

表 9-3　Sklearn 部分预处理函数及说明

函　　数	描　　述
StandardScaler()	通过去除均值和缩放到单位方差来标准化特征 $z = (x - \mu)/s$
Normalizer()	对特征进行归一化
Binarizer()	对特征进行二值化
OneHotEncoder()	将分类特征编码为 one-hot 数字数组

　　以鸢尾花数据集为例,将 70% 的数据作为训练集,30% 的数据作为测试集,采用 StandardScaler 对数据进行去均值和方差归一化,使得经过处理的数据符合标准正态分布,即均值为 0,标准差为 1。

参考代码如下：

```
# 导入模块
import pandas as pd
import matplotlib.pyplot as plt
from sklearn.datasets import load_iris
from sklearn.model_selection import train_test_split
from sklearn.preprocessing import StandardScaler
from sklearn.neighbors import KNeighborsClassifier
from sklearn.cluster import KMeans
from sklearn.metrics import classification_report, accuracy_score
from sklearn.manifold import TSNE
# 加载数据
iris = load_iris()
# 查看数据规模并提取数据
print(iris.data.shape)
iris_data = iris.data                   # 数据特征
iris_target = iris.target               # 数据标签
iris_names = iris.target_names          # 数据特征名称
# 分割数据集
X_train, X_test, y_train, y_test = train_test_split(iris_data, iris_target,\
test_size = 0.3, random_state = 6)
# 数据标准化
ss = StandardScaler()
iris_data = ss.fit_transform(iris_data)
X_train = ss.fit_transform(X_train)
X_test = ss.fit_transform(X_test)
```

9.4.2 数据分类

使用分类模型进行鸢尾花数据的分类，包括模型的初始化与模型参数拟合。经典的机器学习分类方法有支持向量机、K近邻分类、高斯朴素贝叶斯等，Sklearn库提供了这些分类器的接口，表9-4展示了Sklearn库中部分常用分类函数。

表 9-4　Sklearn 库中部分常用分类函数

模 块 名 称	函　　数	函 数 描 述
svm	LinearSVC()	支持向量机
neighbors	KNeighborsClassifier()	K 近邻分类
naive_bayes	GaussianNB()	高斯朴素贝叶斯
tree	DecisionTreeClassifier()	分类决策树
ensemble	RandomForestClassifier()	随机森林

基于上述处理过的数据，在训练数据上需训练 K 近邻分类器，参考代码如下：

```
# 训练K近邻分类器
knn = KNeighborsClassifier()
knn.fit(X_train, y_train)
```

9.4.3 数据聚类

聚类算法 K-means 的参数及说明如表 9-5 所示。

表 9-5　K-means 参数及说明

参 数 名 称	数 据 类 型	描　　述
n_clusters	int,默认值为 8	要形成的簇数以及要生成的质心数
init	指定字符串:'k-means＋＋'、'random' 或者传递一个 ndarray 向量,默认值为 'k-means＋＋'	指定初始化方法。 ① 'k-means＋＋'表示用一种特殊的方法选定初始聚类,可加速迭代过程的收敛。 ② 'random'表示随机从训练数据中选取初始质心。 ③ 如果传递的是一个 ndarray,则应该形如(n_clusters,n_features)并给出初始质心
n_init	int,默认值为 10	使用不同质心种子运行 K-means 算法的次数
max_iter	int,默认值为 300	K-means 算法单次运行的最大迭代次数
tol	float,默认值为 1e−4	两次连续迭代的聚类中心差异的 Frobenius 范数的相对容差
verbose	int,默认值为 0	设置输出模式,0 表示不输出日志信息;1 表示每隔一段时间打印一次日志信息。如果大于 1,则打印次数频繁
random_state	int 或 RandomState 对象,默认值为 None	用于初始化质心的生成器。如果值为一个整数,则确定一个随机种子
copy_x	bool,默认值为 True	预先计算距离时是否修改原始数据。如果是 True,则表示在源数据的副本上提前计算距离时,不会修改源数据
algorithm	auto、full 或 elkan,默认值为 auto	选择要使用的 K-means 算法。 ① full 是一般意义上的 K-means 算法。 ② elkan 是 elkan K-means 算法。 ③ auto 是根据数据值是否稀疏决定选择:当数据稠密时选择 elkan K-means 算法,否则选择普通 K-means 算法

与 K 近邻类似,K-means 首先需要初始化模型,接着对模型进行数据聚类。参考代码如下:

```
# 训练 K-means
kmeans = KMeans(n_clusters = 3)
kmeans.fit(X_train, y_train)
```

9.4.4　泛化能力的评价

机器学习模型的泛化能力,就是用一个共同的指标来衡量对比不同模型的性能,常用的分类模型评价指标有准确率(accuracy)、精准率(precision)、召回率(recall)、F1 分数等,这里先从混淆矩阵开始。对于二分类问题而言,混淆矩阵如表 9-6 所示。

表 9-6　混淆矩阵

类　　别	预测标签为 1	预测标签为 0
实际标签为 1	TP	FN
实际标签为 0	FP	TN

基于混淆矩阵,可以计算出以下指标。

(1) 准确率:所有的预测正确(正类负类)的样本占总样本的比例,如式(9-1)所示。

$$ACC = (TP + TN)/(TP + TN + FP + FN)$$

$$(9-1)$$

（2）精确率（查准率）：正确预测为正的样本占全部预测为正的样本的比例，如式（9-2）所示。

$$\text{Pre} = \text{TP}/(\text{TP} + \text{FP}) \tag{9-2}$$

（3）召回率（查全率）：正确预测为正的样本占全部实际为正的样本的比例，如式（9-3）所示。

$$\text{Rec} = \text{TP}/(\text{TP} + \text{FN}) \tag{9-3}$$

（4）F 值：对精确率和召回率赋不同权值（设为 a）进行加权调和，如式（9-4）所示。

$$\text{F}_a = (1 + a^2) \times \text{Pre} \times \text{Rec}/(a^2 \times \text{Pre} + \text{Rec}) \tag{9-4}$$

（5）F1 分数：参数为 1 时的精确率和召回率的加权调和平均，如式（9-5）所示。

$$\text{F}_1 = 2 \times \text{Pre} \times \text{Rec}/(\text{Pre} + \text{Rec}) \tag{9-5}$$

对应于 sklearn. Metrics 库的评价函数如表 9-7 所示。

表 9-7　sklearn. Metrics 库评价函数

指标名称	函　　数	取值范围	函　数　描　述
Accuracy	accuracy_score()	[0,1]	准确率：所有的预测正确（正类负类）的样本占总样本的比例
Precision	precision_score()	[0,1]	精确率（查准率）：正确预测为正的样本占全部预测为正的样本的比例
Recall	recall_score()	[0,1]	召回率（查全率）：正确预测为正的样本占全部实际为正的样本的比例
F1 分数	f1_score()	[0,1]	F1 分数：参数为 1 时的精确率和召回率的加权调和平均

将测试结果用图像进行展示则比较具体。采用 TSNE 对数据进行降维并将降维后的数据用 Matplotlib 进行展示。TSNE 是一种通过在二维或三维图中给每个数据点一个位置来实现高维数据可视化的统计方法。它是基于 SamRoweis 和 Geoffrey Hinton 最初开发的随机邻居嵌入（SNE），随后 Laurensvan der Maaten 提出了 T-分布的变体，即 TSNE 模型。其关键参数及说明如表 9-8 所示，更多参数说明可参考官方网站。

表 9-8　TSNE 关键参数及说明

参数名称	数　据　类　型	描　　述
n_components	int，默认值为 2	嵌入空间的维度
init	字符串：'random'、'pca' 或 NumPy 数组，默认值为 'random'	初始化参数。 ① 取值为 random 为随机初始化。 ② 取值为 pca 为利用 PCA 进行初始化（常用）。 ③ 取值为 NumPy 数组时，必须为 shape = (n_samples, n_components) 字符串
random_state	int 或 RandomState 对象，默认值为 None	随机数生成器，不同的初始化可能会导致成本函数的不同局部最小值

为了对训练集及其预测结果进行可视化，首先将训练集中的数据降至二维，接着按照预测标签对数据进行划分，并通过 Matplotlib 对结果进行展示，实验结果如图 9-4 所示。

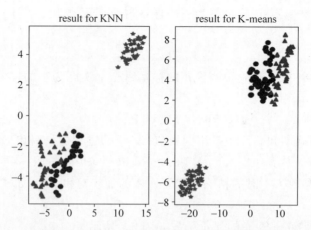

图 9-4　K 近邻算法分类与 K-means 算法聚类结果

参考代码如下：

```
# 预测并评价 K 近邻
y_predict_knn = knn.predict(X_test)
acc = accuracy_score(y_test, y_predict_knn)
print('鸢尾花测试数据集的分类精度为:' + '{:.3f}'.format(acc))
print(classification_report(y_test, y_predict_knn, target_names = iris_names))
# 预测 K-means
y_predict_kmeans = knn.predict(iris_data)
# K 近邻绘图数据处理
tsen_knn = TSNE(n_components = 2, init = 'random', random_state = 177).fit(X_train)
df_knn = pd.DataFrame(tsen_knn.embedding_)        # 将原始数据转换为 DataFrame
df_knn['labels'] = knn.predict(X_train)
# 提取标签
df1 = df_knn[df_knn['labels'] == 0]
df2 = df_knn[df_knn['labels'] == 1]
df3 = df_knn[df_knn['labels'] == 2]
# K-means 绘图数据处理
tsen_kmeans = TSNE(n_components = 2, init = 'random', random_state = 177).fit(iris_data)
# 降维
df_kmeans = pd.DataFrame(tsen_kmeans.embedding_)  # 将原始数据转换为 DataFrame
df_kmeans['labels'] = kmeans.predict(iris_data)
df4 = df_kmeans[df_kmeans['labels'] == 0]
df5 = df_kmeans[df_kmeans['labels'] == 1]
df6 = df_kmeans[df_kmeans['labels'] == 2]
# 绘图
fig, axs = plt.subplots(1, 2)
axs[0].plot(df1[0], df1[1], 'r*', df2[0], df2[1], 'b*', df3[0], df3[1], 'g*')
axs[0].set_title("result for KNN")
axs[1].plot(df4[0], df4[1], 'r*', df5[0], df5[1], 'b*', df6[0], df6[1], 'g*')
axs[1].set_title("result for K-means")
plt.savefig('result.png')
plt.show()
```

本 章 小 结

本章通过 Python 开源第三方库 Sklearn 提供的通用型开源机器学习库，执行了基本的机器学习任务，实现了用于机器学习的相关算法，完成了数据的分类和聚类，并通过机器学习模型的泛化能力衡量、对比不同模型的性能。常用的分类模型评价指标有准确率、精准率、召回率、F1 分数等。

本 章 习 题

（1）编写算法求 K 近邻算法在鸢尾花数据分类问题上的最佳 K 值。

（2）在手写数字数据集上（二分类问题）训练支持向量机进行分类，并利用多项指标对模型进行评价。

（3）阐述不同数据预处理方法对模型性能的影响。

参 考 文 献

[1] 陈春晖,翁恺,季江民.Python 程序设计[M].2 版.杭州:浙江大学出版社,2022.

[2] LANGTANGEN H P.科学计算基础编程——Python 版[M].张春元,刘万伟,毛晓光,等译.5 版.北京:清华大学出版社,2020.

[3] 易建勋.Python 应用程序设计[M].北京:清华大学出版社,2021.

[4] 嵩天.全国计算机等级考试二级教程——Python 语言程序设计[M].北京:高等教育出版社,2022.

[5] 戴歆,罗玉军.Python 开发基础[M].北京:人民邮电出版社,2020.

[6] 赵璐,孙冰,蔡源,等.Python 语言程序设计教程[M].上海:上海交通大学出版社,2021.

[7] 赵增敏,黄山珊,张瑞.Python 程序设计[M].北京:机械工业出版社,2019.

图书资源支持

感谢您一直以来对清华版图书的支持和爱护。为了配合本书的使用,本书提供配套的资源,有需求的读者请扫描下方的"书圈"微信公众号二维码,在图书专区下载,也可以拨打电话或发送电子邮件咨询。

如果您在使用本书的过程中遇到了什么问题,或者有相关图书出版计划,也请您发邮件告诉我们,以便我们更好地为您服务。

我们的联系方式:

地　　址：北京市海淀区双清路学研大厦 A 座 714

邮　　编：100084

电　　话：010-83470236　010-83470237

客服邮箱：2301891038@qq.com

QQ：2301891038（请写明您的单位和姓名）

资源下载：关注公众号"书圈"下载配套资源。

资源下载、样书申请

书 圈

图书案例

清华计算机学堂

观看课程直播